Lehrstuhl für Fördertechnik Materialfluß Logistik
der Technischen Universität München

Untersuchung der Schüttgutförderung in geneigten Schneckenförderern

Anton Georg Vollmann

Vollständiger Abdruck der von der Fakultät für Maschinenwesen der Technischen Universität München zur Erlangung des akademischen Grades eines

Doktor-Ingenieurs (Dr.-Ing.)

genehmigten Dissertation.

Vorsitzender: Univ.-Prof. Dr.-Ing. W. Peukert

Prüfer der Dissertation:

1. Univ.-Prof. Dr.-Ing. W. A. Günthner
2. Univ.-Prof. Dr.-Ing. habil. F. Krause, Otto-von-Guericke-Universität Magdeburg

Die Dissertation wurde am 20. Januar 2000 bei der Technischen Universität München eingereicht und durch die Fakultät für Maschinenwesen am 13. März 2000 angenommen.

Anton Georg Vollmann

Untersuchung der Schüttgutförderung in geneigten Schneckenförderern

2., unveränderte Auflage

Herbert Utz Verlag · München

Fördertechnik Materialfluss Logistik

Zugl.: Diss., 2000

Bibliografische Information der Deutschen Nationalbibliothek:
Die Deutsche Nationalbibliothek verzeichnet diese Publikation in der Deutschen Nationalbibliografie; detaillierte bibliografische Daten sind im Internet über http://dnb.d-nb.de abrufbar.

Titelabbildung: MabelAmber | pixabay.com

frühere Ausgabe: ISBN 978-3-89675-745-6

ISBN 978-3-8316-8257-7

Printed in EU
Herbert Utz Verlag GmbH, München
www.utzverlag.de

Vorwort

Die vorliegende Arbeit entstand während meiner Tätigkeit als wissenschaftlicher Angestellter am Lehrstuhl für Fördertechnik Materialfluß Logistik fml der Technischen Universität München.

Meinem verehrten Chef, Herrn Universitätsprofessor Dr.-Ing. W. Günthner, gilt mein besonderer Dank für die jederzeit gewährte Unterstützung vor und während dieser Arbeit, wodurch er maßgeblich zum Gelingen des Forschungsvorhabens beitrug.

Weiterhin danke ich Herrn Universitätsprofessor Dr.-Ing. habil. F. Krause, Leiter des Instituts für Förder- und Baumaschinentechnik, Stahlbau, Logistik IFSL der Otto-von-Guericke-Universität Magdeburg, für die Übernahme des Korreferats und das der Untersuchung entgegengebrachte Wohlwollen und Interesse.

Ferner bin ich der Deutschen Forschungsgemeinschaft DFG, Bonn, für die großzügige Unterstützung des Forschungsvorhabens über die gesamte Laufzeit zu Dank verpflichtet, wodurch die Durchführung der Untersuchung erst ermöglicht wurde.

Nicht vergessen möchte ich all diejenigen, die zum erfolgreichen Abschluß der Arbeit beitrugen. Insbesondere den Mitarbeitern und Kollegen am Lehrstuhl fml möchte ich meinen Dank aussprechen.

München, im März 2000 Anton Georg Vollmann

Inhaltsverzeichnis

1 Einleitung

Die Vielfalt der Förderaufgaben führte in der Schüttgutfördertechnik zur Entwicklung der unterschiedlichsten Fördermittel und Transportkonzepte. Dem Anwender bzw. Konstrukteur stehen daher eine Reihe von mechanischen, pneumatischen und hydraulischen Förderern zur Verfügung. Hier zeigt die DIN 15201 [1] einen Überblick über die gebräuchlichen Stetigförderertypen, wobei als gemeinsames Merkmal festzuhalten ist, daß das Fördergut auf festgelegtem Weg von der Aufgabe- zur Abgabestelle bewegt wird.

Zur Kategorie der Stetigförderer ohne Zugmittel ist der Schneckenförderer zu zählen. Prinzipiell besteht dieser aus einem geschlossenen Fördertrog oder -rohr, in dem sich die Förderschnecke als einziges bewegtes Bauteil um ihre eigene Achse dreht (Bild 1.1). Dieser kontinuierlich arbeitende Förderer zeichnet sich folglich durch seine einfache und robuste Bauweise aus. Der Schneckenförderer gilt allgemein als kostengünstiges und vielseitig einsetzbares Förderelement.

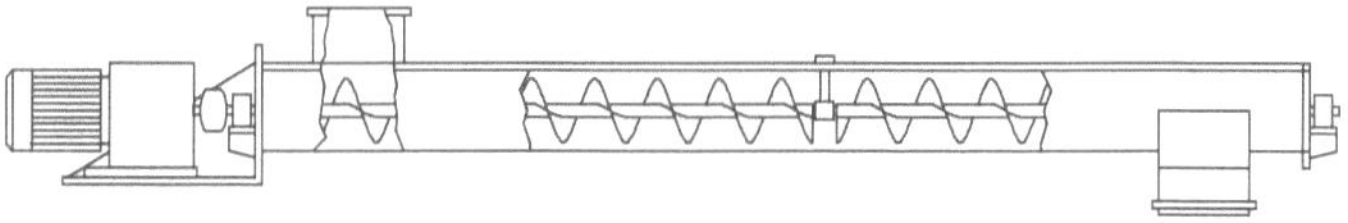

Bild 1.1: Darstellung eines horizontalen Schneckenförderers

Geeignet ist der Schneckenförderer für den Transport von staubförmigen, feinkörnigen sowie stückigen Schüttgütern mit den unterschiedlichsten schüttgutspezifischen Eigenschaften. So können Schneckenförderer ebenso für leicht fließende wie auch für schwere, stark schleißende Güter eingesetzt werden [2]. Brandtner [3] zeigt in tabellarischer Form eine Übersicht mit einer Vielzahl von Schüttgütern, für deren Transport Schneckenförderer verwendet werden.

Grundsätzlich kann für die Bewältigung einer Förderaufgabe ein beliebiger Neigungswinkel β der Schneckenachse gegenüber der Horizontalen gewählt werden. Die Gutbewegung basiert in jedem Fall auf dem Schraube-Mutter-Prinzip. Hierbei nimmt die Schnecke die Rolle der Schraube ein und das Fördergut jene der Mutter. Mithin kann der Schneckenförderer nicht nur für horizontale Förderfälle, sondern auch für die schräge und vertikale Förderung von Schüttgut eingesetzt werden. Bei der horizontalen und leicht geneigten Förderung ist die Drehgeschwindigkeit der Mutter gleich null, wodurch sich hier das Förderverhalten leicht beschreiben läßt [2]. Dagegen ist die Bestimmung der Drehgeschwindigkeit bei der vertikalen Förderung schwierig und für die schräge Förderung bislang nicht unternommen worden.

Bild 1.2: Bild eines Schiffsentladers mit Förderschnecken

Für den förderbaren Massenstrom existieren kaum mengenmäßige Beschränkungen. In der DIN 15261 [4] und in der DIN 15262 [2] sind Vorschläge für Ganghöhe, Wellen- und Wendeldurchmesser sowie Empfehlungen für die Wellendrehzahl und den Füllungsgrad angegeben. Letzterer stellt einen dimensionslosen Kennwert zur Beschreibung des im Förderer befindlichen Schüttgutvolumens dar. Als Bezugsgrößen dienen entweder das Volumen eines Zylinders mit dem Nenndurchmesser der Schnecke oder das Kammervolumen des Förderers. Abhängig von der Baugröße ist der Schneckenförderer zur Förderung kleinster wie auch größter Mengen geeignet.

Neben rein fördertechnischen Zwecken, wie etwa der Beschickung oder dem Abzug von Silos, erlauben Schneckenförderer die Durchführung von verfahrenstechnischen Prozessen, wie Erhitzen, Kühlen, Mischen, Trennen, Dosieren, Trocknen, Befeuchten, Entwässern oder Waschen. Daher sind auch eine Vielzahl von Varianten und Sonderkonstruktionen bekannt. So kann die Wendel nicht nur als Vollblattwendel, sondern auch als Band-, Rühr- oder Paddelschnecke ausgeführt werden. Weiterhin sind Schneckenwendeln mit Kanälen für Kühl- oder Heizmedien sowie doppelwandige Fördertröge bekannt. Als bemerkenswerte Sonderbauarten sind wellenlose Schneckenförderer, oftmals auch als Spiralförderer bezeichnet, zu nennen, die in steifer wie auch in biegsamer Ausführung [6; 7] bekannt sind.

Im Hinblick auf die Konstruktionswerkstoffe gibt es praktisch keinerlei Einschränkungen bei der Werkstoffauswahl. Neben dem Standardwerkstoff Stahl sind auch verschiedenste Kunststoffe und andere metallische Werkstoffe einsetzbar. Verschleißgefährdete Bauteile können mit verschleißmindernden Beschichtungen oder Verkleidungen unterschiedlicher Art versehen werden.

Neben der traditionellen Verwendung im innerbetrieblichen Materialfluß haben sich Schneckenförderer auch beim Massengutumschlag, beispielsweise zur Entladung von Hochsee- oder Binnenschiffen in Häfen oder off-shore, etabliert (Bild 1.2). Aufgrund der einfachen, kompakten und gewichtssparenden Bauart stellen mit Schneckenförderern ausgerüstete Schiffsentlader eine interessante Alternative zu Greiferentladern und auch anderen kontinuierlich arbeitenden Schiffsentladern, etwa pneumatischen Saughebern oder Becherwerksentladern, dar.

Von Bedeutung sind in diesem Zusammenhang auch die gestiegenen Umweltschutzanforderungen, da oftmals umwelt- und gesundheitsgefährdende oder gar giftige Stoffe zu fördern sind. Daher besteht die berechtigte Forderung nach einer möglichst vollständigen Kapselung der eingesetzten Förderorgane, um die Gefahren für die Umwelt auf ein Minimum zu reduzieren. Weiterhin ist die Geräuschemission ein wichtiges Kriterium zur Beurteilung eines Anlagenkonzepts. Unter den Gesichtspunkten der Umweltverträglichkeit kann der Schneckenförderer positiv beurteilt werden.

Bild 1.3: Bild eines mobilen Schnecken-Schiffsentladers

Die Entladeleistungen reichen in Ausnahmefällen bis 2100 t/h. Überwiegend werden diese Schiffsentlader zum Umschlag von Zement eingesetzt, aber auch für Kohle, Getreide, Dünger und eine Reihe anderer Schüttgüter. Seit einigen Jahren gibt es mobile Schiffsentlader, die auf einem Sattelaufleger montiert sind und dadurch auch im Binnenland äußerst flexibel eingesetzt werden können (Bild 1.3).

In der Materialflußkette dieser Schiffsentlader finden sich horizontal und leicht geneigte Schnecken sowie steil bis vertikal fördernde Schnecken. Mit Blick auf die Gestaltung und Auslegung dieser Geräte werden daher auch die Probleme deutlich, die grundsätzlich mit dem Betrieb beliebig geneigter Schnecken verbunden sind, beispielsweise die Gutaufnahme und speziell bei Schiffsentladern die Restentleerung des Laderaums. Als besonders problematisch erweist sich das Fehlen von gesicherten Erkenntnissen über das charakteristische Förderverhalten von schrägen Schnecken in Abhängigkeit des Neigungswinkels sowie das Fehlen von gesicherter Auslegungsverfahren.

Dieses Defizit an gesicherten Kenntnissen zur Beurteilung und Auslegung von beliebig geneigten Förderschnecken gab den Anstoß, diesen Themenkomplex aufzugreifen und einer eingehenden wissenschaftlichen Untersuchung zu unterziehen*.

* Die Untersuchung der Schüttgutförderung in geneigten Schnecken wurde von der Deutschen Forschungsgemeinschaft DFG gefördert.

2 Zielsetzung und Vorgehensweise

2.1 Problemstellung

Eine theoretisch-analytische Auseinandersetzung mit der Thematik der Schüttgutförderung in Schneckenförderern fand bislang nur für die Horizontal- und die Vertikalförderung statt. Für die Auslegung von geneigten Schneckenförderern gibt es noch kein Auslegungsverfahren, obwohl an solchen Geräten eine Vielzahl von experimentellen Untersuchungen durchgeführt wurden. Die Mehrzahl der bisher durchgeführten Untersuchungen an geneigten Schneckenförderern diente lediglich dem Ziel, die grundsätzliche Eignung der jeweiligen Geräte für bestimmte Förderaufgaben zu überprüfen, ohne den eigentlichen Fördervorgang im Inneren des Trogs zu betrachten.

2.2 Ziele

Die Zielsetzung dieser Forschungsarbeit ist daher zum einen die Untersuchung des Fördervorgangs im schrägen Schneckenförderer und zum anderen die Entwicklung eines mathematisch-physikalischen Berechnungsverfahrens, das eine zuverlässige Beschreibung des Fördervorgangs im schrägen Schneckenförderer erlaubt. Die Ziele der Untersuchung lassen sich wie folgt formulieren:

- Im Rahmen von Förderversuchen an einer Versuchsanlage ist der Einfluß der maßgeblichen Betriebs-, Konstruktions- und Stoffparameter von Förderer und Schüttgut zu ermitteln. Im wesentlichen sind hier die Auswirkungen auf das Bewegungsverhalten und auf den Leistungsbedarf zu nennen.

- Anhand der Ergebnisse dieser experimentellen Untersuchungen ist zu klären, unter welchen Voraussetzungen bzw. Randbedingungen ein mathematischphysikalisches Berechnungsmodell zur Beschreibung der Vorgänge in geneigten Förderschnecken realisierbar ist.

- Auf Basis dieser Erkenntnisse ist ein Berechnungsmodell zu entwickeln. Dieses Berechnungsverfahren soll nicht nur die maßgeblichen Konstruktions- und Betriebsparameter einer Förderanlage berücksichtigen, sondern auch die charakteristischen Schüttguteigenschaften. Letztlich soll es eine sichere und optimierte Auslegung von geneigten Schneckenförderern gewährleisten.

Die Ergebnisse der eigenen experimentellen Untersuchungen an einer Versuchsanlage dienen in einem zweiten Schritt der Überprüfung des entwickelten Berechnungsverfahrens im Hinblick auf dessen Güte. Innerhalb dieser Arbeiten besteht dadurch die Möglichkeit, Einflußparameter gegebenenfalls zu optimieren.

Weiterhin können die umfangreichen Versuche einen Beitrag zur Optimierung von Konstruktion und Betrieb von schrägen Förderschnecken leisten, beispielsweise unter dem Aspekt der Betriebssicherheit.

2.3 Vorgehensweise

Die dieser Arbeit zugrunde gelegte Vorgehensweise zeigt zusammenfassend Bild 2.1. Zunächst führt das erste Kapitel in die Thematik der Schüttgutförderung mit Schnecken ein. Kapitel 2 befaßt sich mit der Darlegung der Problemstellung und der Formulierung der Untersuchungsziele.

Das Kapitel 3 erläutert die für die Schüttgutförderung in beliebig geneigten Schnecken relevanten Erkenntnisse aus den bisherigen wissenschaftlichen Untersuchungen. Berücksichtigt werden hierbei sowohl die experimentellen als auch die theoretischen Forschungsarbeiten.

Das vierte Kapitel beinhaltet die theoretischen Grundlagen von Schneckenförderern. Die Herleitung der Bewegungsgleichung soll hierbei das Funktionsprinzip des Schneckenförderers veranschaulichen und den Einfluß der Achsneigung aufzeigen. Außerdem werden die schüttgutmechanischen Grundlagen dargelegt, um einen Eindruck über das schüttgutspezifische Verhalten zu vermitteln.

In Kapitel 5 wird ausgehend von einem bekannten Modell für den Sonderfall der Vertikalförderung das Berechnungsverfahren für die Förderung in schrägen Schnecken entwickelt.

Das Kapitel 6 beschreibt die eingesetzten Versuchseinrichtungen und zeigt die experimentellen Ergebnisse der Untersuchungen. Gleichzeitig werden die Versuchsergebnisse mit Berechungsergebnissen verglichen. Diskutiert wird zudem der Gültigkeitsbereich für das entwickelte Berechnungsverfahren. Kapitel 6 behandelt außerdem noch die Vorgehensweise zur Abschätzung der Gutförderung außerhalb der Gültigkeitsbereiche des entwickelten Berechnungsverfahren und der Norm DIN 15262 [2].

Kapitel 7 schließlich faßt die Ergebnisse dieser Arbeit zusammen.

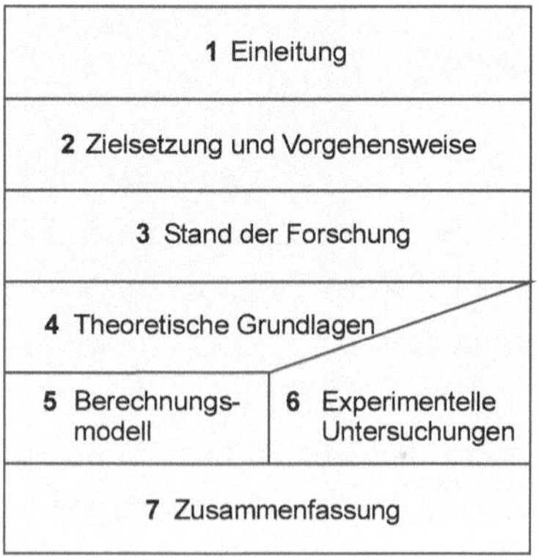

Bild 2.1: Vorgehensweise

3 Stand der Forschung

Die Wahl eines geeigneten Fördergerätes ist immer mit der Suche nach der günstigsten Kombination der Einflußparameter verknüpft. Dies führte bislang zu einer Vielzahl von experimentellen und theoretischen Untersuchungen auf dem Gebiet der Schneckenförderer. Hier standen jedoch überwiegend die horizontal und vertikal fördernden Anlagen im Vordergrund. Dies kann damit erklärt werden, daß z. B. die Schüttgutbewegung bei der horizontalen Förderung sehr einfach beschrieben werden kann.

Das Förderprinzip basiert auf dem Zusammenwirken von Schraube und Mutter. Für den Fall der waagrechten bzw. leicht geneigten Förderung, dem Geltungsbereich der DIN 15262 [2] bis zu einer Neigung von 20° gegenüber der Horizontalen, wird das Fördergut rein translatorisch in Achsrichtung bewegt. Hierbei legt das Schüttgut bei einer Schneckenumdrehung genau den Weg einer Ganghöhe zurück. Das Schüttgut liegt hierbei im Fördertrog bzw. -rohr. Die rotierende Schneckenwendel schiebt nun das Material vor sich her, wobei ein Mitdrehen des Schüttgutkörpers infolge der aus der Gewichtskraft resultierenden Reibkraft an der Trog- bzw. Rohrinnenwand behindert wird.

Außerhalb des Gültigkeitsbereichs der DIN 15262 ist ebenfalls eine Förderung möglich, wobei sich aber die Charakteristik des Fördervorgangs grundlegend ändert. Allein eine Änderung des Füllungsgrades eines waagrechten oder leicht geneigten Förderers verursacht Nebenströme, die nicht mehr in die eigentliche Förderrichtung weisen. Ein Teil der Kammerfüllung fließt dann über die Welle ohne axial gefördert zu werden oder fließt bei geneigter Schneckenachse sogar in den darunterliegenden Gang. Eine Vorhersage über den erzielbaren Massenstrom und den benötigten Leistungsbedarf ist dann nicht mehr möglich.

Für die Steil- und Vertikalförderung gelten grundlegend unterschiedliche Voraussetzungen zur Erfüllung der Förderaufgabe. Zwei wesentliche Merkmale unterscheiden diese Betriebsform eines Schneckenförderers von der zuvor beschriebenen. Zum einen liegt das Drehzahlniveau weit über den Grenzen welche die DIN 15262 empfiehlt, zum anderen wird die rein translatorische Gutbewegung in axialer Richtung durch eine Rotationsbewegung überlagert. Vereinfacht wird nur von einer Rotationsbewegung gesprochen. Das Schüttgut lastet hierbei, teilweise oder ganz, mit seinem Eigengewicht auf der Schneckenwendel.

Die Reibung zwischen Schüttgut und Schneckenwendel läßt das Schüttgut mit der Schneckenwelle mitdrehen. Dadurch übt das Schüttgut infolge der Drehbewegung eine Normalkraft auf die Rohrinnenwand aus. Die daraus resultierende Reibkraft zwischen Schüttgut und Rohrinnenwandung wirkt entgegen der absoluten Schüttgutbewegung und verzögert die Drehbewegung des Schüttgutes relativ zur Drehbewegung der Schneckenwelle. Folglich gleitet die Schneckenwendel unter dem Schüttgut hinweg und bewegt das Schüttgut mit einer Geschwindigkeitskomponente in axiale Richtung. Steil- bzw. Senkrechtschnecken benötigen eine Mindestdrehzahl, damit einerseits das Material nicht auf der Wendel nach unten abgleitet und zum anderen die nötige Normalkraft zur Abstützung und Verzögerung an der Rohrinnenwand aufgebaut wird.

Innerhalb der Steilförderung gilt die Senkrechtförderung als der ungünstigste Förderfall sowohl unter dem Aspekt der Betriebssicherheit als auch unter dem Gesichtspunkt des Leistungsbedarfs. Obwohl es für den Sonderfall der vertikalen Förderung eine Reihe von Berechnungsansätzen gibt, ist es bislang noch nicht gelungen, eine allgemein gültige Berechnungsvorschrift im Sinne einer Norm zu entwickeln. Diese Modelle berücksichtigen die maßgeblichen Betriebs-, Stoff- und Konstruktionsparameter [5] sowie deren wechselseitige Einflüsse in unterschiedlichem Maße.

Innerhalb der rein experimentellen Arbeiten [8 - 32; 60 - 62] untersuchte man hauptsächlich die Wirkung konstruktiver Maßnahmen auf die Förderung, so z. B. den Einfluß der geometrischen Verhältnisse wie Schneckensteigung zu Außendurchmesser oder der Betriebsparameter. Man bestimmte den Leistungsbedarf der

Anlagen und zeigte den Einfluß von Einlaufhilfen auf den Durchsatz. Als maßgeblichen Betriebsparameter ermittelte man die Schneckendrehzahl.

Die gewonnenen Ergebnisse wurden in Nomogramme gefaßt oder gingen in Kennwerte, wie spezifische Leistung usw., ein [23]. Die Nomogramme und Kennwerte kennzeichnen die optimalen Gestaltungs- und Betriebsparameter des Fördermittels hinsichtlich Leistungsbedarf und Massendurchsatz. Die Ergebnisse gelten jedoch nur für das jeweilige Fördergut sowie die jeweilige Versuchsanlage; sie lassen lediglich eine beschränkte Extrapolation auf Anlagen größerer Geometrie zu. Im Hinblick auf die Auslegung von Schneckenförderern können die experimentellen Untersuchungen zwar verschiedene Effekte aufzeigen, ermöglichen jedoch nur begrenzt gezielte Verbesserungen.

Die theoretischen Arbeiten [34 - 58] beschränkten sich wegen der schwierigen Beschreibung des Fördervorgangs bei Schüttgut nur auf horizontale und vertikale Anlagen, nicht jedoch auf geneigte.

Eine Reihe von Arbeiten beschäftigte sich zudem mit Sonderproblemen, wie konische Förderabschnitte [35; 41; 55] und Schnecken mit nicht-achsorthogonalen Erzeugenden [41; 44; 49].

Das Ziel dieser theoretischen Untersuchungen, nämlich geeignete Berechnungsverfahren zur Auslegung von Schneckenförderern zu entwickeln, wurde demnach nur für die horizontale und vertikale Förderung erreicht.

Als problematisch erweist sich in diesem Zusammenhang die analytische Beschreibung der Stoffeigenschaften. Für das Stoffverhalten von Schüttgütern fehlen bis heute allgemeingültige und umfassende Gesetze [89]. Die entwickelten Rechenmodelle berücksichtigen daher die Wechselwirkungen zwischen Fördergutkondition und Förderung in vereinfachter Weise mit teilweise gutem Erfolg. Die Eignung der Berechnungsmodelle wurde zumeist experimentell für die senkrechte oder horizontale Förderung überprüft.

Eine erste allgemeine Beschreibung der Förderung in einem schrägen Schneckenförderer (Bild 3.1) lieferte Böttcher [33]. Innerhalb seiner experimentellen und theoretischen Untersuchungen variierte er den Neigungswinkel β zwischen der Horizontalen und der Schneckenachse von 0° bis 90°.

Böttcher reduzierte in seiner Untersuchung das Fördergut dabei auf einen starren Einzelkörper. Er stellte fest, daß sich bezüglich der Förderung in einer Schneckenmaschine die Neigung in drei signifikante Bereiche unterteilen läßt (Bild 3.2).

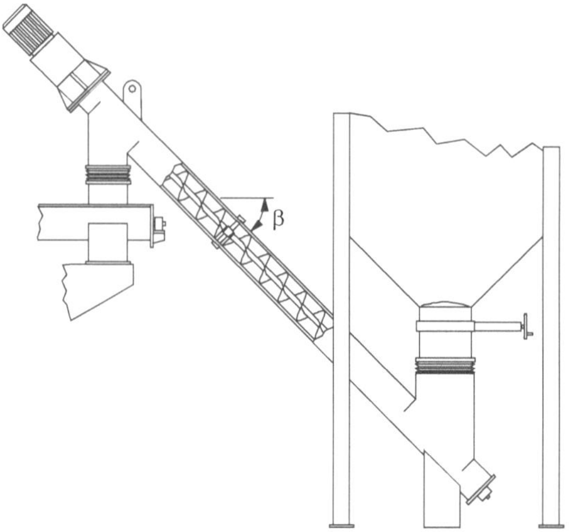

Bild 3.1: Um den Winkel β geneigter Schneckenförderer

Für die waagrechte und bis zum Grenzwinkel β_k geneigte Förderung ermittelte Böttcher eine geradlinige Bahn des Einzelkörpers entlang einer Mantellinie, unabhängig von der Schneckendrehzahl n_s. Der Einzelkörper wird dabei um den Winkel φ_a gegenüber der untersten Mantellinie des Förderrohres ausgelenkt. Der Winkel φ_a ist nur eine Funktion vom Neigungswinkel β und den Reibbeiwerten zwischen dem Förderrohr bzw. der Schneckenwendel und dem Einzelkörper. Der Winkel φ_a nimmt in diesem Bereich I einen maximalen Wert von φ_a = 90° gegenüber der untersten Mantellinie des Förderrohres an.

Ab dem kritischen Neigungswinkel β_k steigt der Winkel φ_a über 90° an. Der Körper löst sich von der Wand und fällt in die Schneckenkammer hinein, da erstmals eine Schwerkraftkomponente auftritt, die den Einzelkörper von der Rohrwand wegzieht (Bereich II).

Böttcher kommt hierdurch für den Bereich II zu der Erkenntnis, daß sich keine zuverlässige Aussage über den zu erwartenden Bewegungsfortschritt des Einzelkörpers im Förderer treffen läßt.

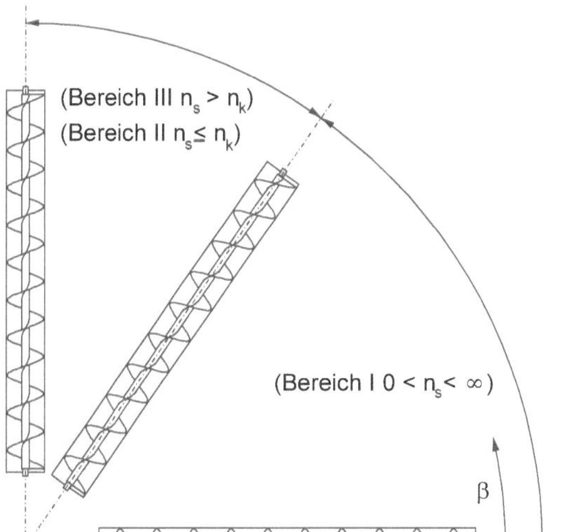

Bild 3.2: Einteilung des Fördervorganges in drei Bereiche nach Böttcher [33]

Erst ab einer kritischen Drehzahl n_k der Förderschnecke bleibt der Einzelkörper ständig mit dem Förderrohr in Berührung und bewegt sich auf einer schraubenförmigen Bahn stetig nach oben (Bereich III). Die Fliehkraft des umlaufenden

Einzelkörpers bewirkt, daß dieser ständig eine Normalkraft auf die Rohrinnenseite ausübt, also auch für $90° \leq \varphi_a \leq 270°$, wenn eine Gewichtskraftkomponente von der Rohrinnenwand weg weist.

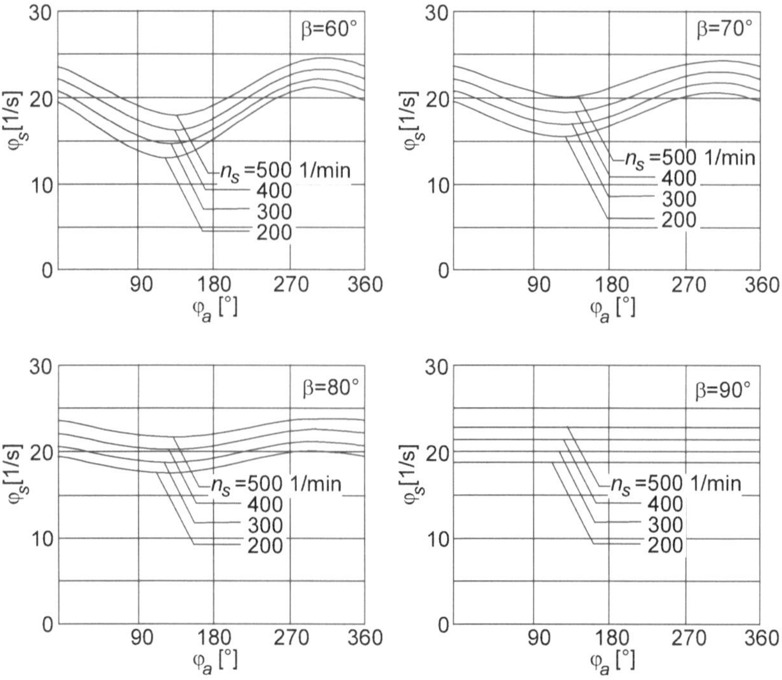

Bild 3.3: Verlauf der Winkelgeschwindigkeit eines starren Einzelkörpers entlang dem Umfang bei steiler bis senkrechter Förderung, abhängig von der Schneckendrehzahl

Abhängig von der Winkellage $\varphi_a(t)$ ändert sich dabei die Winkelgeschwindigkeit des Körpers und damit dessen Bahnkurve periodisch. Diese periodische Änderung der Winkelgeschwindigkeit des Einzelkörpers wird mit zunehmender Neigung geringer und verschwindet bei der senkrechten Förderung. Es stellt sich dann eine Bahnkurve mit konstanter Steigung ein (Bild 3.3). Gabler [41] bestätigte später dieses Ergebnis.

Im Gegensatz zur eben beschriebenen Einzelkörperförderung ist die analytische Bestimmung des Fördervorgangs von Schüttgut aufwendiger und von Unsicherheiten begleitet. So böscht sich das Schüttgut, ähnlich einem Fluid, unter dem Einfluß der Drehbewegung aufgrund seiner Fließfähigkeit auf. Das Schüttgut verteilt sich somit in der Schneckenkammer (Bild 3.4).

Auf die Schüttgutförderung mit horizontaler bis leicht geneigter Schneckenachse läßt sich noch die Modellvorstellung der Einzelkörperbetrachtung übertragen. Insgesamt bewegt sich auch hier das Schüttgut auf einer geradlinigen Bahn [57]. Aufgrund der einfachen Beschreibbarkeit der Bewegung konnte die Norm DIN 15262 [4] entwickelt werden. Diese beinhaltet neben dem Berechnungsverfahren auch konstruktive Maßnahmen für Schneckenförderer bis zu einem Neigungswinkel von 20°.

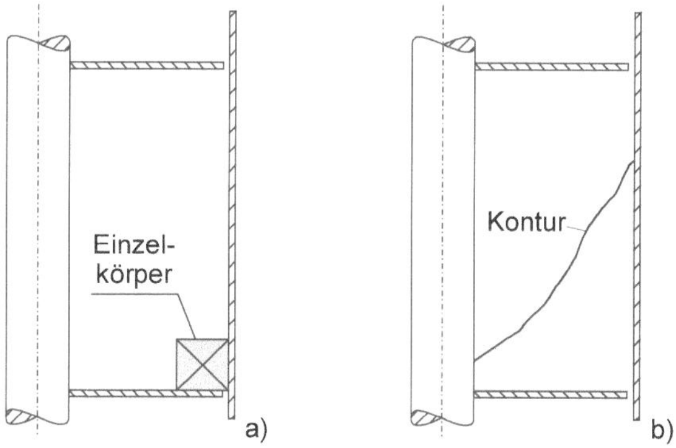

Bild 3.4: Schnitt durch die Schneckenkammer bei der Förderung a) eines starren Einzelkörpers, b) von Schüttgut

Für höhere Schneckendrehzahlen, wie sie zum Teil bei horizontal fördernden Abzugsschnecken üblich sind, gilt diese Norm nicht. Aufgrund des hohen Füllungsgrades stellt sich bei Abzugsschnecken, ähnlich der steil geneigten Förderung, eine schraubenförmige Bahnkurve des Fördergutes ein [56].

Inwieweit nun die Theorie des Einzelkörpers auch für die steil geneigte bis senkrechte Förderung von Schüttgut anwendbar ist, konnte nur für den Fall der senkrechten Förderung explizit nachgewiesen werden. Dazu wurde festgestellt:

- Das Fördergut verteilt sich in der Schneckenkammer, wodurch sich andere Wirkradien gegenüber der Einzelkörperförderung ergeben [35; 39; 40; 55; 58].

- In Schüttgütern verteilen sich die Spannungen. Neben der Zentrifugal- und der Eigengewichtskraft muß auch noch ein gewisser "hydrostatischer" Kraftanteil berücksichtigt werden, der zusätzlich unter der Wirkung der Wandreibkraft ansteigt [58].

- Im Gegensatz zum starren Einzelkörper können die Gutteilchen im Gutinneren aneinander abgleiten [40; 58].

- Ein Teil des Fördergutes fließt durch den Spalt zwischen Schneckenblech und Förderrohr ständig zurück. Dadurch und durch Klemmen des Fördergutes im Spalt treten Leistungsverluste auf [12; 55].

Die Einzelkörpertheorie erklärt nur den prinzipiellen Fördervorgang. Aus den beschriebenen Gründen läßt sie eine zur Dimensionierung notwendige exakte Berechnung nicht zu.

Die Unterschiede gelten auch für die geneigte Förderung. Zudem zeigt Gabler [41], daß die Winkelgeschwindigkeiten entgegen der Einzelkörpertheorie auch bei schräger Förderung entlang dem Umfang konstant bleiben. Hierzu unternahm er Förderversuche mit Neigungswinkeln ab 60°. Zur Berücksichtigung dieser Effekte sind daher andere Berechnungsverfahren notwendig. Für die geneigte Schüttgutförderung mit Schneckenförderern liegt jedoch noch kein allgemein gültiges Berechnungsverfahren vor. Die bisherigen Untersuchungen zur Schüttgutförderung im geneigten Schneckenförderer waren ausschließlich experimentell [14; 19; 59 - 62]. Für geneigte

Schneckenförderer können die wichtigsten Ergebnisse wie folgt zusammengefaßt werden:

Stevens [14; 62] führte u. a. Versuche mit unterschiedlichen Schneckendurchmessern und Ganghöhen der Schneckenwendel durch und variierte die Spaltweite. Er verzeichnete bei jeweils gleichen Drehzahlen und Konstruktionsparametern einen nahezu linearen Abfall des geförderten Massenstroms für Neigungswinkel von 0° bis 60°. Bis zur senkrechten Stellung des Förderers fällt der Massenstrom dagegen stärker ab.

Der lineare Zusammenhang von Neigungswinkel und Massenstrom wird von Ghosh [61] im Bereich von $0° \leq \beta \leq 42°$ bestätigt. Für Neigungswinkel von mehr als 42° kam der Fördervorgang zum Erliegen. Ghosh benutzte innerhalb seiner Förderversuche feuchte Kaffeebohnen.

Regan [19] und Lemmon [59] untersuchten ebenfalls den Einfluß von Drehzahl und Neigung auf den Fördervorgang in Schneckenförderern, wobei Lemmon [59] mit einem flexiblen Schneckenförderer arbeitete.

Es läßt sich festhalten:

- In Abhängigkeit der Drehzahl steigen die gemessenen Massenströme an [14; 19; 59; 62].

- Der Einfluß der Achsneigung zeigt sich in einer Abnahme der geförderten Menge von der horizontalen bis zur senkrechten Förderung. Stevens [14] quantifiziert den Massenstrom bei senkrechter Förderung mit 20 bis 40 % der horizontalen Förderung und Regan [19] gibt hier einen Wert von 30 % für einen nahezu senkrecht stehenden Förderer ($\beta \approx 85°$) an.

- Mit der Reduzierung der Fördermenge ist zugleich ein Anwachsen des spezifischen Leistungsbedarfes zu beobachten [3; 14; 23; 41].

Innerhalb der Untersuchungen wurde auch die Spaltweite zwischen Wendel und Trog bzw. Rohr berücksichtigt. So stellt Stevens fest, daß der Einfluß des Schneckenspaltes auf den Leistungsbedarf bei schräger Förderung geringer ist als bei horizontaler Förderung. Bei geneigten Schnecken zeigt sich der Spalteinfluß erst mit größeren Spaltweiten. Wilkes [60] förderte verschiedene Schüttgüter mit gering geneigten Schnecken, wobei der Schwerpunkt der Arbeit auf der Untersuchung des Schneckenspalteinflusses auf die Förderung lag. Hierzu variierte er die Trogform. Kleine Spaltbreiten führten zu Gutbruch, wogegen bei zu großem Spalt der Förderer nicht mehr in der Lage war, sich selbsttätig zu entleeren. Auch hier verursachte eine Erhöhung der Drehzahl eine Förderstromzunahme. Für die geneigte Förderung war diese Zunahme jedoch geringer als bei der horizontalen.

Gerade in jüngster Zeit wandte man sich den Vorgängen im Spalt von steilen und senkrechten Förderern zu [63; 64; 91; 92; 93]. Leitner [63] zeigt den Einfluß der Spaltgeometrie auf den Leistungsbedarf eines vertikalen Schneckenförderers. Er ermittelt als Kennwert einen spezifischen Spaltwiderstand, der die Mahl- und Quetschverluste im Spalt in Abhängigkeit mehrerer Parameter charakterisiert. Laut Leitner [63] gibt es eine kritische Spaltweite, bei welcher der Leistungsbedarf für die Mahl- und Quetschvorgänge im Spalt ein Maximum annimmt. Dieser Kennwert wird mittels einer in einem Rohr rotierenden Scheibe ermittelt, wobei die Exzentrizität beliebig variiert werden kann. Zu vergleichbaren Erkenntnissen gelangt Wildgruber [64] mit einer ähnlichen Versuchseinrichtung. Anstelle der Scheibe wird hier eine eingängige Schneckenwendel eingesetzt. Neben der Exzentrizität und der Drehzahl beeinflußt auch die Wendeldicke an der Stirnseite den Leistungsbedarf.

Brusewitz [23] faßt die Ergebnisse mehrerer experimenteller Untersuchungen zusammen. Der Füllungsgrad nimmt ihm zufolge mit zunehmender Neigung und Drehzahl ab, was auch Gabler [41] feststellte. Brusewitz berichtet im Zusammenhang mit dem Füllungsgrad von Streuungen bei den ermittelten Füllgraden, was er damit begründet, daß die in den jeweiligen Untersuchungen verwendeten Gutzulaufkonstruktionen nicht optimal auf die Fördergüter abgestimmt waren und so oftmals keine größeren Füllungen erlaubten.

In diesem Rahmen seien auch noch die Ergebnisse von Ephremidis [57] für die horizontale Förderung zu erwähnen, sind doch Parallelen zu dem von Böttcher [33] beschriebenen Bereich II (siehe geneigte Einzelkörperförderung) erkennbar. Nach Ephremidis böscht das Schüttgut infolge der Reibung auf dem Schneckenblech in Drehrichtung auf und wird bezüglich der untersten Mantellinie des Troges ausgelenkt. Das Gut an der Füllungsoberfläche fließt dann über die Schneckenwelle hinweg auf die andere Seite der Schneckenkammer. Bei kleineren Füllungsgraden spielt dieser Effekt keine Rolle, das Schüttgut wird hauptsächlich translatorisch verschoben. Bei größeren Füllungsgraden dagegen bewegt sich das Schüttgut verstärkt rotatorisch, wobei die translatorische Geschwindigkeit sehr klein wird und das Schüttgut kaum noch vorwärts gefördert wird. Dadurch steigt der Leistungsbedarf stark an.

Alle diese Untersuchungsergebnisse zeigen die gegenseitige Beeinflussung der verschiedenen Einflußgrößen im Zusammenhang mit der geneigten Förderung von Schüttgut in Schnecken. Die Auswirkungen von Veränderungen können jedoch nicht quantifiziert werden. Gezielte Auslegungen oder konstruktive Verbesserungen sind daher ohne weiterführende theoretische Untersuchungen nicht möglich.

4 Theoretische Grundlagen

Die theoretischen Grundlagen, welche für die Schüttgutförderung mittels Schnecken nötig sind, lassen sich grundsätzlich in zwei Hauptgruppen einteilen. Die eine Gruppe betrifft das Fördergerät mit seiner charakteristischen Geometrie und Funktionsweise, die andere die spezifischen Eigenschaften von Schüttgütern. Hieraus ist ein Berechnungsmodell abzuleiten, das die Charakteristiken des Förderorgans und des Förderguts in gleichem Maße berücksichtigt.

4.1 Bewegung eines Einzelkörpers in einer schrägen Förderschnecke

Als Ausgangsbasis der bisherigen Untersuchungen im Bereich der Schüttgutförderung diente die allgemeine Beschreibung der Einzelkörperbewegung in einer beliebig geneigten Förderschnecke [33], wobei hier nur der Sonderfall der Vertikalförderung Berücksichtigung fand. Grund hierfür ist die gleichartige Bewegung von Einzelkörper und Schüttgut für diesen Sonderfall. So kann hier das Einzelkörpermodell in einfacher Weise auf einen Schüttgutkörper übertragen werden [41]. Im folgenden wird nun die Geometrie der Förderschnecke beschrieben und anschließend die Herleitung der Einzelkörperbewegung dargelegt, da sie für die Schüttgutförderung von Bedeutung ist.

4.1.1 Geometrie der Förderschnecke

Die Grundlage zur Beschreibung der Geometrie einer Schneckenwendel bildet die Verschraubung eines Punktes P längs einer Achse.

Während der Punkt P ein Bogenmaß von $\nu = 2\pi$ überstreicht, erfährt er in Achsrichtung eine Verschiebung H.

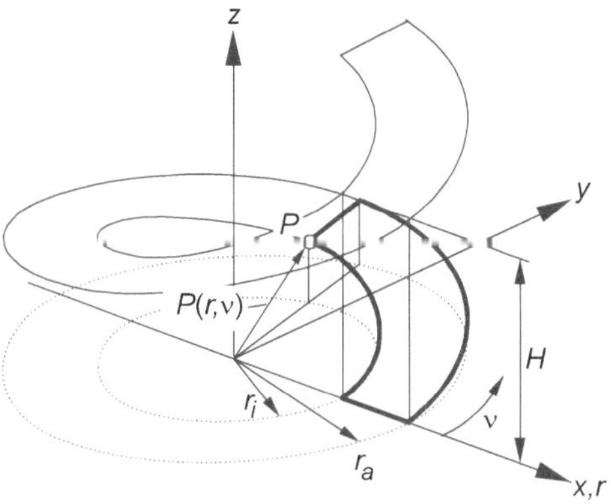

Bild 4.1: *Darstellung der Verschraubung eines Punktes P bzw. einer Strecke um die z-Achse des Koordinatensystems*

In einem kartesischen Koordinatensystem (x,y,z), wie in Bild 4.1 zu sehen, lautet somit die Beschreibung der Raumkurve mit dem Ortsvektor $P(r,\nu)$ in Parameterdarstellung:

$$x = r \cdot \cos\nu \qquad (4.1)$$

$$y = r \cdot \sin\nu \qquad (4.2)$$

$$z = \frac{H}{2 \cdot \pi} \cdot \nu = r \cdot \nu \cdot \tan\alpha \qquad (4.3)$$

In gleicher Weise kann eine Strecke entlang einer Achse verschraubt werden; es entsteht eine Strahlschraubfläche. Für den in Bild 4.1 dargestellten Fall ergibt sich eine gerade, offene Strahlschraubfläche. Diese ist dadurch gekennzeichnet, daß die

Erzeugende mit der Drehachse einen rechten Winkel einschließt und im Intervall $r_i \leq r \leq r_a$ mit $r > 0$ liegt.

4.1.2 Herleitung der Bewegungsgleichung

In Kapitel 4.1.1 wurde die Geometrie der Schnecke in einem raumfesten kartesischen Koordinatensystem dargestellt. Da sich der Einzelkörper auf einer schraubenförmigen Bahn bewegt, ist es sinnvoll, dessen Lage in einem Zylinderkoordinatensystem zu betrachten. Vereinfachend kommt hinzu, daß der Einzelkörper stets Kontakt zur Rohrinnenwandung haben soll, wodurch die Radialkoordinate als Konstante angesehen werden kann.

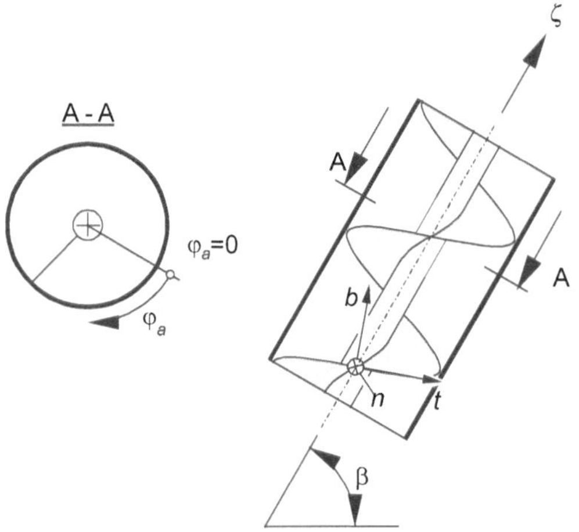

Bild 4.2: t,n,b-Koordinatensystem in einer um den Winkel β geneigten Förderschnecke

Durch Ableitung der Zylinderkoordinaten nach der Zeit kann dann die Geschwindigkeit und die Beschleunigung des Einzelkörpers in Abhängigkeit von der augenblicklichen Lage im Förderrohr bestimmt werden.

In einem ersten Schritt ist nun ein geeignetes Koordinatensystem zu wählen. Hierzu sind einige Vorüberlegungen bezüglich der Bewegung und der auf den Einzelkörper wirkenden Kräfte nötig:

- Der punktförmige Einzelkörper berührt definitionsgemäß an zwei Punkten das Fördergerät - an der Rohrinnenwand und an der Oberseite der Schneckenwendel. Der Einzelkörper gleitet entlang der Wendeloberfläche und dem Schneckenrohr und wird so geführt.

- Die Bewegung resultiert aus den am Einzelkörper angreifenden Kräften. Dies sind die Gewichtskraft des Einzelkörpers und die Reibkräfte zwischen Einzelkörper und Wendeloberseite bzw. Rohrinnenwand.

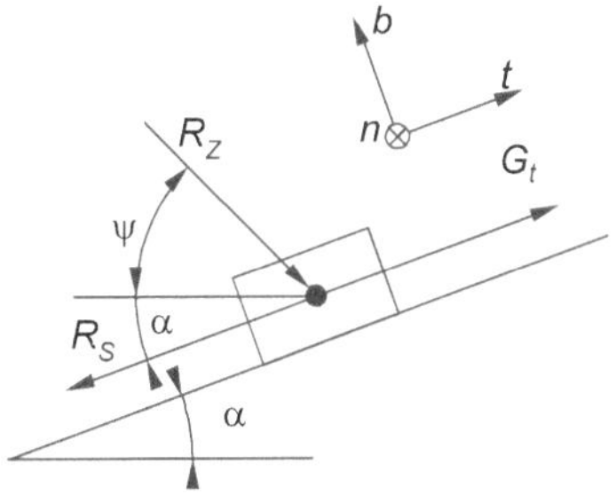

Bild 4.3: Darstellung der an einem freigeschnittenen Einzelkörper in der t,b-Ebene angreifenden Kräfte mit der Reibkraft R_Z zwischen Einzelkörper und Rohrinnenwand, der Reibkraft R_S zwischen Einzelkörper und Schneckenwendel sowie G_t als Tangentialkomponente der Gewichtskraft

Es erscheint daher zweckmäßig, ein bewegtes Koordinatensystem einzuführen, in dem sich die Geschwindigkeit und die Kräfte in möglichst einfacher Weise bestimmen lassen. Solch ein Koordinatensystem ist in Bild 4.2 und Bild 4.3 dargestellt. Das als t,n,b-System bezeichnete Koordinatensystem läuft hierbei mit der Förderschnecke um. Ausgehend vom raumfesten x,y,z-Koordinatensystem ist daher eine Koordinatentransformation vorzunehmen, um die im x,y,z-Koordinatensystem bekannten Größen in das t,n,b-Koordinatensystem zu überführen. Die Transformationsgleichungen lauten mit e_x, e_y und e_z als normierten Einheitsvektoren im raumfesten x,y,z-Koordinatensystem [33]:

$$\begin{aligned} t = & -\cos\alpha \cdot \cos\varphi_a \cdot e_x + \\ & \left[\sin\alpha \cdot \cos\beta + \cos\alpha \cdot \sin\beta \cdot \sin\varphi_a\right] \cdot e_y + \\ & \left[\sin\alpha \cdot \sin\beta - \cos\alpha \cdot \cos\beta \cdot \sin\varphi_a\right] \cdot e_z \end{aligned} \tag{4.4a}$$

$$\begin{aligned} n = & -\sin\varphi_a \cdot e_x - \\ & \sin\beta \cdot \cos\varphi_a \cdot e_y + \\ & \cos\beta \cdot \cos\varphi_a \cdot e_z \end{aligned} \tag{4.4b}$$

$$\begin{aligned} b = & \sin\alpha \cdot \cos\varphi_a \cdot e_x + \\ & \left[\cos\alpha \cdot \cos\beta - \sin\alpha \cdot \sin\beta \cdot \sin\varphi_a\right] \cdot e_y + \\ & \left[\cos\alpha \cdot \sin\beta + \sin\alpha \cdot \cos\beta \cdot \sin\varphi_a\right] \cdot e_z \end{aligned} \tag{4.4c}$$

Zur Herleitung der Bewegungsgleichung betrachtet man nun das Kräftegleichgewicht an einer punktförmigen Masse. Es ist ausreichend, lediglich den Impulssatz in t-Richtung anzuwenden. Die an der Punktmasse angreifenden Kräfte sind Bild 4.3 zu entnehmen.

Der Impulssatz in t-Richtung liefert sodann die Differentialgleichung

$$m \cdot \ddot{t} = \sum F_t = G_t - R_S + R_Z \cdot \cos(\psi + \alpha) \tag{4.5}$$

mit G_t als der tangentialen Komponente der Gewichtskraft und R_Z bzw. R_S als den Reibkräften an den Berührpunkten zu Rohrwand und Schneckenwendel.

Die Wirkungslinie der Reibkraft R_Z an der Rohrwand schließt dabei mit einer bezüglich der ζ_0-Achse orthogonalen Ebene den Winkel ψ ein (Bild 4.3), welcher zugleich die Richtung der Absolutgeschwindigkeit des Einzelkörpers zu einem Zeitpunkt bezeichnet.

Die Reibkraft R_Z resultiert aus den Normalkräften, die auf die Rohrinnenwand wirken. Dies ist zum einen die aus der Rotation herrührende Fliehkraft F_Z mit

$$F_z = m \cdot r_a \cdot \dot{\varphi}_a^2 = m \cdot r_a \cdot \omega_a^2, \tag{4.6}$$

zum anderen die Normalkomponente G_n der Eigengewichtskraft. Somit setzt sich die Reibkraft R_Z folgendermaßen zusammen:

$$R_z = \mu_z \cdot \left(m \cdot r_a \cdot \dot{\varphi}_a^2 - G_n\right) \tag{4.7}$$

μ_z bezeichnet den Reibwert zwischen Einzelkörper und Rohrinnenwand, m die Masse des Einzelkörpers und r_a den Rohrinnenradius.

Die Reibkraft R_S auf der Wendeloberseite wirkt stets in tangentialer Richtung und zwar entgegen der relativen Bewegung des Einzelkörpers zur Wendel. Hervorgerufen wird diese Reibkraft von den Binormalkomponenten der Gewichtskraft G und der binormalen Komponente der Reibkraft R_Z. Es gilt:

$$R_S = \mu_S \cdot (-G_b) + \mu_S \cdot R_Z \cdot \sin(\alpha + \psi) \tag{4.8}$$

μ_S bezeichnet den Reibwert zwischen Einzelkörper und Wendeloberseite.

Bislang ist die Gewichtskraft G lediglich im raumfesten x,y,z-Koordinatensystem bekannt mit

$$G_x = 0\,;\, G_y = 0 \text{ und } G_z = -m \cdot g\ . \qquad (4.9a,b,c)$$

Mit Hilfe der Transformationsgleichungen (4.4a,b,c) läßt sich die Gewichtskraft G im bewegten t,n,b-System dargestellen:

$$G_t = m \cdot g \cdot (\cos\alpha \cdot \cos\beta \cdot \sin\varphi_a - \sin\alpha \cdot \sin\beta) \qquad (4.10a)$$

$$G_n = m \cdot g \cdot (-\cos\varphi_a \cdot \cos\beta) \qquad (4.10b)$$

$$G_b = m \cdot g \cdot (-\sin\alpha \cdot \cos\beta \cdot \sin\varphi_a - \cos\alpha \cdot \sin\beta) \qquad (4.10c)$$

Einzig der Förderwinkel ψ aus Gleichung (4.8) ist noch unbekannt. Gemäß den Vorüberlegungen gleitet der Einzelkörper entlang der Schneckenwendel und dem Schneckenrohr. Damit ist die Bewegungsrichtung relativ zur Schneckenwendel festgelegt und weist in tangentiale Richtung t. Aus den in Bild 4.4 dargestellten Geschwindigkeitsdreiecken können nun die notwendigen Beziehungen zur vollständigen Beschreibung von Gleichung (4.5) ermittelt werden.

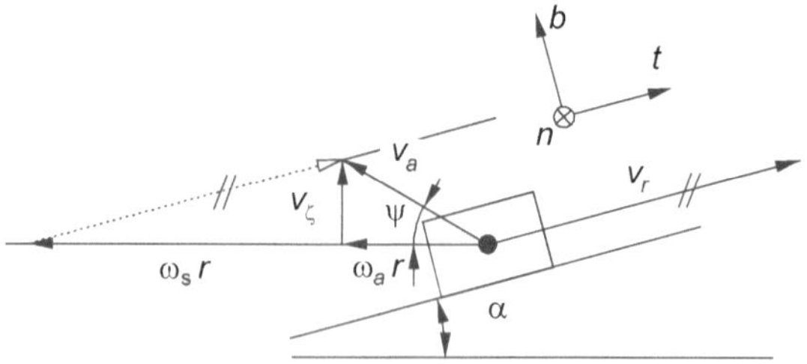

Bild 4.4: Darstellung der Geschwindigkeitsdreiecke in der t,b-Ebene

$$\psi = \arctan\left[\left(\frac{\omega_s}{\omega_a} - 1\right) \cdot \tan\alpha\right] \tag{4.11}$$

$$v_\zeta = r \cdot (\omega_s - \omega_a) \cdot \tan\alpha \tag{4.12}$$

$$v_r = \frac{r \cdot (\omega_s - \omega_a)}{\cos\alpha} \tag{4.13}$$

$$v_a = \frac{r \cdot \omega_a}{\cos\psi} \tag{4.14}$$

$\omega_s = 2 \cdot \pi \cdot n_s / 60$ bezeichnet die Winkelgeschwindigkeit der Schneckenwendel.

Setzt man die Ableitung der relativen Geschwindigkeit v_r, Gl. (4.13), nach der Zeit

$$\ddot{i} = \frac{dv_r}{dt} = \frac{d}{dt}\left(\frac{r \cdot (\omega_s - \omega_a)}{\cos\alpha}\right) = -\frac{r}{\cos\alpha} \cdot \ddot{\varphi}_a \tag{4.15}$$

in Gleichung (4.5) ein, ergibt dies für $r = r_a$:

$$m \cdot \frac{r_a}{\cos\alpha} \cdot \ddot{\varphi}_a + G_t - R_S + R_Z \cdot \cos(\psi + \alpha) = 0 \tag{4.16}$$

Unter Verwendung von Gl. (4.7), (4.8), (4.11) sowie Gl. (4.10a-c) folgt aus Gl. (4.16)

$$\begin{aligned}
&\frac{r_a}{\cos\alpha} \cdot \ddot{\varphi}_a + \\
&\left[r_a \cdot \dot{\varphi}_a^2 + g \cdot \cos\varphi_a \cdot \cos\beta\right] \cdot \mu_Z \cdot \cos\left\{\arctan\left[\left(\frac{\omega_s}{\dot{\varphi}_a} - 1\right) \cdot \tan\alpha\right] + \alpha\right\} - \\
&g \cdot \mu_S \cdot (\sin\varphi_a \cdot \cos\beta \cdot \sin\alpha + \cdot \sin\beta \cdot \cos\alpha) - \\
&\mu_S \cdot \left[r_a \cdot \dot{\varphi}_a^2 + g \cdot \cos\varphi_a \cdot \cos\beta\right] \cdot \mu_Z \cdot \sin\left\{\arctan\left[\left(\frac{\omega_s}{\dot{\varphi}_a} - 1\right) \cdot \tan\alpha\right] + \alpha\right\} + \\
&g \cdot (\sin\varphi_a \cdot \cos\beta \cdot \cos\alpha - \cdot \sin\beta \cdot \sin\alpha) = 0 \quad .
\end{aligned} \tag{4.17}$$

Die Lösung dieser Differentialgleichung beschreibt die Bewegung eines Einzelkörpers in einer beliebig geneigten Förderschnecke vollständig.

4.1.3 Bewegungszustände

Die Bewegung eines Einzelkörpers kann nach Böttcher [33] in Abhängigkeit der Neigung und der Schneckendrehzahl drei charakteristische Bewegungszustände annehmen, dargestellt in Bild 2.2. Jeder Bewegungszustand wird einem Bereich zugeordnet:

- Bereich I

Bis zu einem Grenzwinkel φ_{Grenz} bewegt sich der Körper im Beharrungszustand gleichförmig geradlinig in Achsrichtung des Schneckenförderers. Somit gilt

$$\dot{\varphi}_a = \omega_a = 0 \tag{4.18}$$

und demzufolge

$$\ddot{\varphi}_a = 0 \tag{4.19}$$

mit

$$\psi = \frac{\pi}{2}. \tag{4.20}$$

Die axiale Geschwindigkeit resultiert aus Gleichung (4.12), unter Verwendung der Gleichungen (4.3) und (4.18):

$$v_\zeta = r_a \cdot (\omega_s - \omega_a) \cdot \tan\alpha = \frac{2 \cdot \pi \cdot r_a \cdot n_s \cdot H}{2 \cdot \pi \cdot r_a \cdot 60} = \frac{n_s \cdot H}{60} \quad (4.21)$$

Der Grenzwinkel φ_{Grenz} beschreibt eine Auslenkung des Einzelkörpers bezüglich der untersten Mantellinie des Förderrohrs abhängig von der Achsneigung β. Die Bestimmungsgleichung lautet nach Böttcher [33]:

$$\sin\varphi_{Grenz} - \mu_Z \cdot \tan(\alpha + \rho_g) \cdot \cos\varphi_{Grenz} - \tan(\alpha + \rho_g) \cdot \tan\beta = 0 \quad (4.22)$$

- Bereich II

Eine Lösung für den Bereich II ist nicht möglich, da sich der Einzelkörper von der Rohrinnenwand ablöst und unkontrolliert auf der Wendel abrutscht. Dadurch ist kein konkreter Bewegungsfortschritt zu erzielen.

- Bereich III

Der Bereich III ist durch eine stetige rotatorische Bewegung des Einzelkörpers gekennzeichnet. Nach Böttcher ist aber eine Mindestdrehzahl der Schneckenwendel notwendig, die kritische Drehzahl n_k. Hierbei gleitet der Körper gerade nicht mehr abwärts.

Es gilt somit

$$\overline{\omega}_a = \omega_s = \omega_k \, , \quad (4.23)$$

wobei $\overline{\omega}_a$ die über dem Umfang gemittelte Winkelgeschwindigkeit des Einzelkörpers bezeichnet.

Eingesetzt in die Bewegungsgleichung (4.17) läßt sich die ideale kritische Winkelgeschwindigkeit zu

$$\omega_k = \sqrt{\frac{g \cdot \sin\beta}{\mu_Z \cdot r_a} \cdot \tan\left(\alpha + \rho_g\right)} \tag{4.24}$$

berechnen. ρ_g ist der Reibwinkel zwischen Einzelkörper und Wendel. Für den Sonderfall der Vertikalförderung ist $sin\beta = 1$.

4.2 Schüttgutmechanische Grundlagen

Innerhalb der bekannten Modelle zur Beschreibung der Schüttgutbewegung in vertikalen Schneckenförderern [35; 37; 39; 40; 41; 55; 58] werden die Schüttguteigenschaften in unterschiedlicher Weise berücksichtigt. Gleiches gilt auch für das spezifische Verhalten von Schüttgut während der Förderung. Eine Beschreibung der Eigenschaften und eine Charakterisierung des Verhaltens der zu fördernden Materialien unter unterschiedlichen Rahmenbedingungen ist also im Hinblick auf die Entwicklung eines geeigneten Modells zur Beschreibung der Gutförderung nicht zu umgehen.

Unter dem Begriff Schüttgut faßt man nun schüttfähige Materialien zusammen, welche lose lager- und transportierfähig sind, wie beispielsweise Getreide oder Zement.

Eine Klassifizierung von Schüttguteigenschaften kann nach verschiedenen Merkmalen erfolgen. Die internationale Norm der „Federation Europeenne de la Manutention" FEM 2581 [65] gibt einen Überblick, unter welchen Gesichtspunkten ein Schüttgut zu betrachten ist.

Die FEM-Normen 2582, 2181, 2381, 2481 [66 - 69] definieren die allgemeinen und spezifischen Schüttguteigenschaften hinsichtlich der Klassifizierung.

Zu den allgemeinen Schüttguteigenschaften zählt die Norm FEM 2582 [66] folgende Merkmale:

- Kornform
- Böschungswinkel
- Eigenschaften des Gutes
- Feuchtigkeit
- Schüttdichte
- Zusatzinformationen

Die spezifischen Schüttguteigenschaften für unterschiedliche Anwendungsbereiche, wie der mechanischen bzw. pneumatischen Förderung oder der Lagerung in Silos benennen [67; 68; 69]. Kriterien sind z. B.:

- Korngröße bzw. Korngrößenverteilung
- chemische Aggressivität und Korrosivität
- Abrasivität
- Fließverhalten

Darüber hinaus beschreiben diese Normen die Vorgehensweise zur Ermittlung der spezifischen Schüttguteigenschaften sowie verschiedene meßtechnische Einrichtungen zur Bestimmung der jeweiligen Kennwerte.

Allein die Vielzahl von allgemeinen und spezifischen Schüttguteigenschaften zur Charakterisierung der Güter zeigt bereits die Komplexität dieser Stoffe. Daher gibt es bis heute kein umfassendes Stoffgesetz, das zu einer allgemeinen Beschreibung des Schüttgutverhaltens herangezogen werden kann. Je nach Gutzustand und Beanspruchungsart sind Analogien im Stoffverhalten zu Festkörpern oder Flüssigkeiten festzustellen, eine Übernahme von Stoffgesetzen aus der Elastomechanik und der Hydromechanik ist trotzdem nicht oder nur bedingt möglich.

Im folgenden sollen nun die für die Schüttgutförderung mit Förderschnecken relevanten schüttgutmechanischen Grundlagen erläutert werden.

4.2.1 Fließeigenschaften

Bedingt durch die innere Reibung in einem Schüttguthaufwerk setzt dieses einer äußeren Belastung einen Widerstand entgegen. Im Gutinneren wirken demzufolge in jeder Schnittebene Druck- und Schubspannungen.

Überschreiten nun die Schubspannungen in einer beliebigen Schnittebene des Schüttguthaufwerks infolge einer äußeren Belastung eine kritische Schubspannung, so geht die bisher rein elastische Verformung des Haufwerks in den Zustand der plastischen Verformung über. Der Vorgang der plastischen Verformung des Schüttguthaufwerks wird als Fließen bezeichnet [70].

Im Hinblick auf das Fließverhalten können Schüttgüter grundsätzlich in zwei Gruppen eingeteilt werden [71], in

- frei fließende, kohäsionslose und
- kohäsive Schüttgüter

Die Kohäsion beruht auf Haftkräften zwischen den Gutpartikeln. Schwedes [72] zählt eine Reihe von Effekten auf, die zu Kohäsion innerhalb eines Schüttguthaufwerks führen. Hierzu gehören Van der Waals und elektrostatische Anziehungskräfte, Flüssigkeitsbrücken, Schmelzhaftung sowie Sinterung. Für trockene Schüttgüter kann jedoch Kohäsion bei Partikelgrößen oberhalb von 100 - 200 μm vernachlässigt werden [71]. Kohäsionslose Schüttgüter sind im wesentlichen dadurch gekennzeichnet, daß sie lediglich Schub- und Druckspannungen übertragen können. Zugspannungen können hingegen nicht oder nur in geringem Maße übertragen werden.

Die Grenzen des Fließens beschreiben sogenannte Fließkriterien. Roscoe [72] nennt beispielsweise die Spannungsvorgeschichte und die Spannung als Fließkriterien.

Aus der Bodenmechanik stammt das wohl bekannteste Fließkriterium nach Mohr-Coulomb. Es stellt eine Analogie zur Festkörperreibung dar [71]. Es gilt für den statischen bzw. langsamen stationären Fließvorgang und beschreibt den Beginn des stationären Fließens [73] wie folgt:

$$\tau \leq \sigma \cdot \tan \varphi_e + c \tag{4.25}$$

Die Ungleichung beschreibt den Zusammenhang zwischen der Normalspannung σ, dem Winkel der inneren Gutreibung φ_e und der resultierenden Schubspannung τ sowie der übertragbaren Scherspannung c kohäsiver Schüttgüter. Die in Abbildung 4.5 dargestellten Coulombgeraden stellen die Grenzbedingung

$$\tau = \sigma \cdot \tan \varphi_e + c \tag{4.26}$$

für das Fließen dar, wobei für kohäsionslose Schüttgüter $c = 0$ gilt. Für kohäsionslose Schüttgüter geht die Coulombgerade in eine Ursprungsgerade über. Die Coulombgeraden schließen mit der Abszisse den Winkel der inneren Gutreibung φ_e ein. Im Bild 4.5 sind zusätzlich zu den Coulombgeraden zwei Spannungskreise A und B mit den Hauptspannungen σ_1 und σ_2 eingezeichnet. Im Fall A liegt der Spannungskreis unterhalb der Coulombgeraden (Vollinie), was bedeutet, daß der herrschende Spannungszustand lediglich eine elastische Verformung im Schüttgutkörper hervorruft. Hingegen berührt der Spannungskreis B die Coulombgerade und erfüllt somit das Fließkriterium nach Gleichung (4.26), wodurch eine plastische Verformung stattfindet.

Demgemäß sind Spannungszustände jenseits der Coulombgerade physikalisch nicht möglich, da das Fließen des Schüttgutes die mögliche Belastung im Inneren des Schüttgutkörpers limitiert. Bezogen auf die Coulombgerade für kohäsionsloses Schüttgut (Strichlinie in Bild 4.5) wären die Spannungskreise A und B nicht möglich.

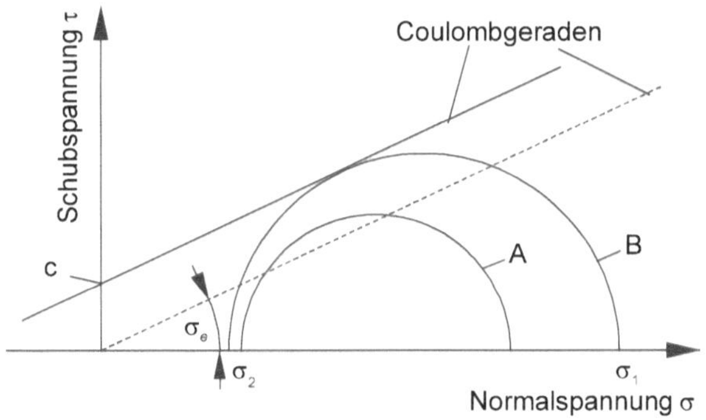

Bild 4.5: Darstellung des Fließkriteriums nach Mohr-Coulomb für ein kohäsives (Vollinie) und ein kohäsionsloses (Strichlinie) Schüttgut

Streng genommen gilt das Fließkriterium nach Mohr-Coulomb nur für den Sonderfall einer konstanten Schüttgutdichte ρ_b [71], was in der Bodenmechanik aufgrund der hohen Drücke durchaus möglich ist. Hingegen liegen die in der Schüttgutmechanik auftretenden Spannungen weit unter jenen in der Bodenmechanik. Als Größenordnung nennt Schwedes bis zu zwei Zehnerpotenzen. Daher ist die Abhängigkeit der Lage der Fließgrenze von der Schüttgutdichte ρ_b nicht mehr zu vernachlässigen, so daß die Schüttgutdichte ρ_b als zusätzliche Einflußgröße zu berücksichtigen ist.

Die Fließgrenzen von Schüttgütern im Bereich kleiner Druckspannungen σ weichen somit von (Coulomb-)Geraden ab und haben zumeist einen gekrümmten Verlauf [75], was in Bild 4.6 zu sehen ist. Jenike bezeichnet die nunmehr dichteabhängigen Fließgrenzen als Fließorte. Ein Fließort stellt hierbei die Verbindungslinie zwischen den Zuständen beginnenden Fließens bei jeweils gleicher Schüttgutdichte ρ_b dar [68]. Der Endpunkt des Fließortes beschreibt den Zustand des stationären Fließens bei Volumenkonstanz, wogegen der Fließort sämtliche Spannungszustände darstellt, bei denen das Schüttgut in der Scherzone unter Volumenausdehnung zu fließen beginnt [68].

Die Einhüllende der größten Spannungskreise verschiedener Fließorte, d. h. für Zustände stationären Fließens wird von Molerus [74] als stationärer Fließort bezeichnet. Dieser stationäre Fließort entspricht einer Geraden, die mit der Abszisse den Winkel φ_{st} einschließt. Jenike [75] definierte als effektiven Fließort eine Ursprungsgerade, die den Spannungskreis für stationäres Fließen tangiert. Den Winkel zwischen Gerade und Abszisse bezeichnet Jenike als effektiven Reibungswinkel φ_e. Demgegenüber ist der örtliche Steigungswinkel des Fließortes als innerer Reibungswinkel φ_i bei beginnendem Fließen definiert.

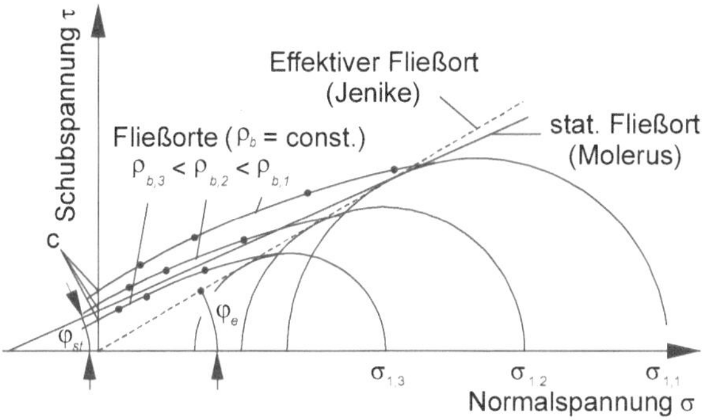

Bild 4.6: Darstellung von Fließorten unterschiedlicher Schüttgutdichte ρ_b sowie dem effektiven Fließort nach Jenike und dem stationären Fließort nach Molerus

Der Einfluß der Gutdichte auf die Fließorte ist bei kohäsionslosem Gut gering, wodurch Fließort, effektiver und stationärer Fließort zusammenfallen [76]. Hierdurch kann das stationäre Fließen dem Fließkriterium nach Mohr-Coulomb gleichgesetzt werden [74].

Die beschriebenen Fließkriterien gelten, wie oben bereits erwähnt, lediglich für den statischen Grenzzustand bzw. für langsames stationäres Fließen. Für den Fall schneller Scherbewegungen innerhalb eines Schüttgutvolumens sind Stoßvorgänge zwischen den Gutteilchen zu berücksichtigen, welche die Schubspannungen τ in den Gleitebenen beeinflussen.

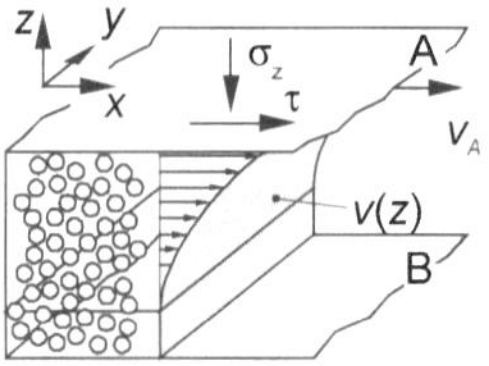

Bild 4.7: Geschwindigkeitsprofil $v(z)$ zwischen zwei schnell gegeneinander bewegten, rauhen, unendlich ausgedehnten Platten A und B

Zur Beschreibung der Vorgänge beim schnellen, stationären Fließen betrachtet Stadler [77] die an einem Volumenelement dV dissipierte Energierate dW':

$$\frac{dW'}{dV} = \tau \cdot \kappa \tag{4.27}$$

Unter Vernachlässigung der dissipierten Energie zur Deformation von Einzelpartikeln setzt sich die dissipierte Energierate dW' aus einem Anteil Coulombscher Reibung und einem Impulsaustauschanteil, hervorgerufen durch Partikelstöße, zusammen:

$$dW' = dW'_C + dW'_{St} = \tau \cdot \kappa \cdot dV \tag{4.28}$$

Unter Vernachlässigung der geschwindigkeitsabhängigen Festkörperreibung, was nach Stadler [77] zulässig ist, erhält man mit dem inneren Reibbeiwert

$$\mu_G = \tan \varphi_e \tag{4.29}$$

den Coulombanteil dW'_C

$$dW'_C = \mu_G \cdot \sigma \cdot \kappa \cdot \operatorname{sgn} \kappa \cdot dV\,. \tag{4.30}$$

Der Impulsaustauschanteil infolge von Partikelstößen kann wie folgt formuliert werden:

$$dW'_{St} = \beta_{Part} \cdot \rho_{Part} \cdot D_{Part}^2 \cdot \kappa^3 \cdot \operatorname{sgn}\kappa \cdot dV \tag{4.31}$$

Setzt man die Gleichungen (4.30) und (4.31) in Gleichung (4.28) ein, ergibt sich nach Umformung für die Schubspannung τ bei schnellem, stationären Fließen in der Scherzone:

$$\tau = \left(\mu_G \cdot \sigma + \beta_{Part} \cdot \rho_{Part} \cdot D_{Part}^2 \cdot \kappa^2\right) \cdot \operatorname{sgn}\kappa \tag{4.32}$$

Der Faktor β_{Part} wird als Stoßfaktor bezeichnet und hängt von der Porosität der zu betrachtenden Schüttgutpackung ab.

Der Faktor κ stellt den Gradienten eines Geschwindigkeitsfeldes $v(z)$ in der Scherzone (Bild 4.7) dar:

$$\kappa = \frac{dv(z)}{dz} \tag{4.33}$$

Dieses Modell kann auch auf den axialsymmetrischen Fall [78] übertragen werden (Bild 4.8). Somit ergibt sich für eine rotatorische Bewegung um die z-Achse eines Zylinderkoordinatensystems folgende Schergeschwindigkeit κ:

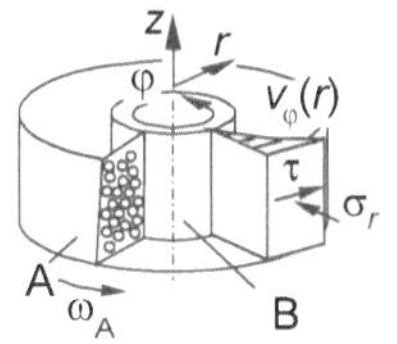

Bild 4.8: Geschwindigkeitsprofil $v_\varphi(r)$ zwischen zwei gegeneinander bewegten, rauhen, unendlich ausgedehnten Zylindern A und B

$$\kappa = r \cdot \frac{d}{dr} \cdot \left(\frac{v_\varphi}{r} \right) = r \cdot \frac{d}{dr} \cdot \left(\frac{\omega \cdot r}{r} \right) = r \cdot \frac{d\omega}{dr} \qquad (4.34)$$

4.2.2 Spannungszustände

Der Beanspruchungszustand eines Schüttgutkörpers kann durch die Darstellung im Mohrschen Spannungskreis vollständig beschrieben werden [69]. Ausgangspunkt ist hierzu die Betrachtung der Gleichgewichtsbeziehungen an einem prismatischen Schüttgutkörper, wie er in Bild 4.9 dargestellt ist.

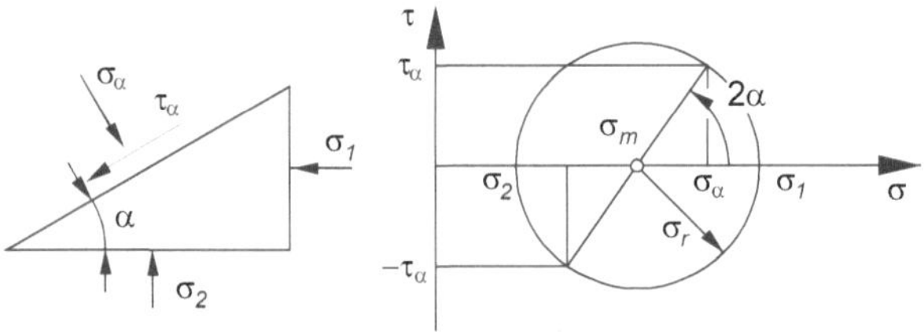

Bild 4.9: Spannungen an einem prismatischen Schüttgutkörper und deren Darstellung im Mohrschen Spannungskreis

Die Hauptspannungen σ_1 und σ_2 bezeichnen die Normalspannungen auf das Gutprisma in den schubspannungsfreien Ebenen; σ_α und τ_α stellen die Normalspannung bzw. die Schubspannung in einer um den Winkel α geneigten Schnittebene dar. Die Spannungen senkrecht zur Hauptspannungsebene sollen in diesem Falle nicht berücksichtigt werden. Man spricht daher vom ebenen, zweiachsigen Spannungszustand.

Mit Kenntnis der Hauptspannungen σ_1 und σ_2 können somit in jeder beliebigen Schnittebene die Normalspannung σ_α und die Schubspannung τ_α ermittelt werden. Weiterhin ist zu erkennen, daß der Betrag der Schubspannung τ_α vom Verhältnis der

Hauptspannungen σ_1 und σ_2 abhängig ist. Begrenzt wird das Verhältnis der Hauptspannungen lediglich durch das bereits zuvor beschriebene Fließkriterium (siehe Bild 4.5). Sobald der Mohrsche Spannungskreis die Fließgrenze tangiert, kommt es zum Bruch im Schüttgutkörper entlang einer um den Winkel α gegen die Hauptspannungsebene geneigten Gleitebene. Ein weiteres Anwachsen der Hauptspannungen, wie auch der Schubspannung in der Gleitebene, ist daher nicht mehr möglich.

Abhängig vom Verhältnis der beiden Hauptspannungen σ_1 und σ_2 unterscheidet man nun zwei verschiedene Bruchzustände, den aktiven und den passiven plastischen Rankineschen Bruchzustand.

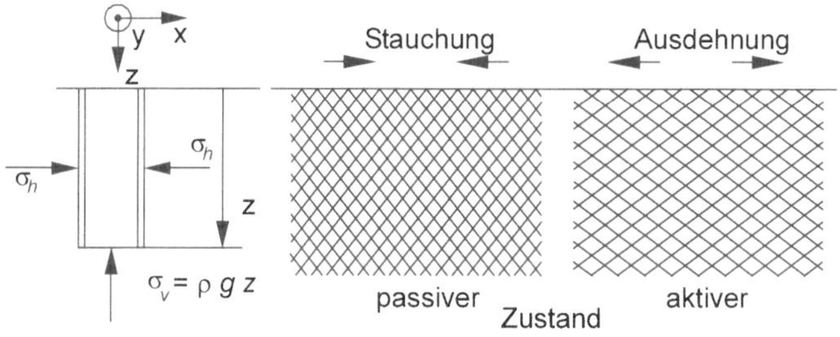

Bild 4.10: Aktiver bzw. passiver Rankinescher Bruchzustand, dargestellt am Beispiel eines in y-Richtung unendlich ausgedehnten Schüttgutquaders mit den Hauptspannungen $\sigma_2 = \sigma_v$ und $\sigma_1 = \sigma_h$

Am Beispiel des Schüttgutquaders aus Bild 4.10 soll das Zustandekommen von aktivem bzw. passivem plastischen Rankineschen Bruchzustand erläutert werden:

- Aktiv plastischer Zustand

  Durch Auseinanderrücken der beiden Gutberandungen verringert sich die horizontale Spannung $\sigma_{1a} = \sigma_h$ am Schüttgutquader und das Material beginnt zu fließen (Ausdehnung in x-Richtung).

- Passiv plastischer Zustand
  Durch Zusammenrücken der beiden Gutberandungen erhöht sich die horizontale Spannung σ_{1p} = σ_h am Schüttgutquader und das Material beginnt zu fließen (Stauchung in x-Richtung).

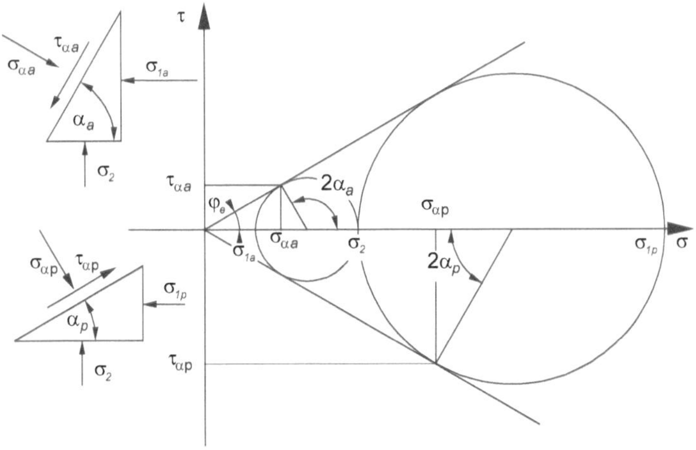

Bild 4.11: Aktiver und passiver Zustand, dargestellt am Mohrschen Spannungskreis; Darstellung der Bruchebenen an zwei Schüttgutprismen

Der Neigungswinkel α der Gleitebenen bezüglich der Hauptspannungsrichtung kann aus der Mohr-Darstellung des aktiven bzw. des passiven Rankineschen Zustands ermittelt werden (Bild 4.11). Beide Neigungswinkel α_a und α_p sind nur vom inneren Reibungswinkel φ_e abhängig:

$$\alpha_a = \frac{\pi}{4} + \frac{1}{2} \cdot \varphi_e \qquad \text{und} \qquad \alpha_p = \frac{\pi}{4} - \frac{1}{2} \cdot \varphi_e \tag{4.35}$$

Bei bekanntem, aktiv plastischen Spannungszustand kann somit auch der zugehörige passiv plastische Spannungszustand ermittelt werden [84]. Unter Verwendung des Fließkriteriums nach Mohr-Coulomb können die Spannungsverhältnisse für den aktiv bzw. den passiv plastischen Bruchzustand - λ_{0a} und λ_{0p} - an einem Schüttgutelement zu

$$\lambda_{0a} = \frac{\sigma_{1a}}{\sigma_2} = \frac{1-\sin\varphi_e}{1+\sin\varphi_e} \text{ bzw. } \lambda_{0p} = \frac{\sigma_{1p}}{\sigma_2} = \frac{1+\sin\varphi_e}{1-\sin\varphi_e} \qquad (4.36a,\ b)$$

bestimmt werden.

Durch weiteres Umformen der Gleichungen (4.36a) und (4.36b) erhält man eine Gleichung, die direkt den Zusammenhang zwischen den Hauptspannungen des aktiv und passiv plastischem Bruchzustands sowie dem inneren Reibungswinkel φ_e aufzeigt:

$$\sin\varphi_e = \frac{\sigma_2 - \sigma_{1a}}{\sigma_2 + \sigma_{1a}} = \frac{\sigma_{1p} - \sigma_2}{\sigma_{1p} + \sigma_2} \qquad (4.37)$$

In der Regel unterliegt ein Schüttguthaufwerk einer dreiachsigen Beanspruchung. Der ebene Spannungszustand ist daher auf den räumlichen Fall zu erweitern. In Bild 4.12 ist der räumliche Spannungszustand für einen beliebigen Schnitt durch ein Schüttgutelement dargestellt. Die Normal- und Schubspannung der Schnittebene liegen innerhalb des größten eingezeichneten Kreises, aber außerhalb der beiden kleineren Spannungskreise, welche die Coulombgerade in keinem Punkt berühren. Innerhalb dieser Fläche befindet sich das Schüttgutelement in einem stabilen elastischen Zustand. Eine plastische Verformung des Schüttgutelementes liegt in dem Punkt vor, in dem der größte Kreis die Coulombgerade berührt. Die drei Hauptspannungen σ_1, σ_2 und σ_3 sind durch die Beziehungen

$$\lambda_0 = \frac{\sigma_1}{\sigma_2}, \quad \lambda_{01} = \frac{\sigma_1}{\sigma_3} \quad \text{und} \quad \lambda_{02} = \frac{\sigma_3}{\sigma_2} \qquad (4.38a,\ b,\ c)$$

miteinander verflochten.

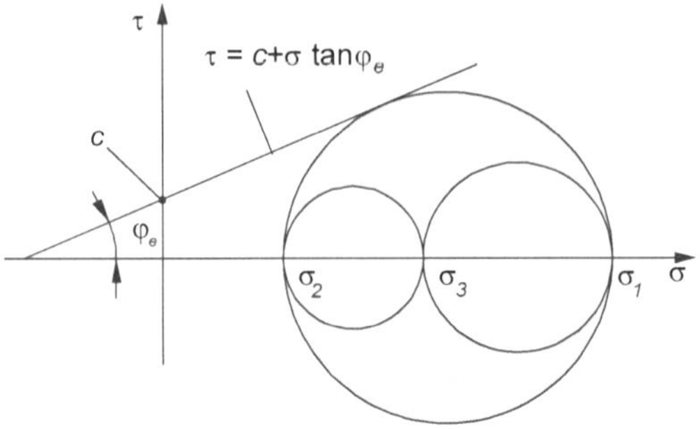

Bild 4.12: Der dreiachsige Spannungszustand im Mohrschen Spannungskreis; die größte und die kleinste Hauptspannung bestimmen die Bruchebene

Der Grenzzustand für plastisches Fließen kann im räumlichen Fall - analog zum ebenen Fall - mit der kleinsten und der größten Hauptspannung σ_2 und σ_1 sowie dem inneren Reibwert φ_e und der Kohäsion c wie folgt beschrieben werden:

$$\sin\varphi_e = \frac{\sigma_1 - \sigma_2}{\sigma_1 + \sigma_2 + 2 \cdot c \cdot \cot\varphi_e} \tag{4.39}$$

Diese Gleichung (4.39) vereinfacht sich für kohäsionslose Schüttgüter mit c = 0 zu

$$\sin\varphi_e = \frac{\sigma_1 - \sigma_2}{\sigma_1 + \sigma_2}. \tag{4.40}$$

4.2.3 Wandreibung

Bislang wurden nur die Vorgänge im Inneren eines Schüttguthaufwerkes betrachtet, ohne die Wechselwirkungen mit einer festen Wand zu berücksichtigen. Im weiteren Verlauf soll nun das Verhalten eines Schüttguthaufwerkes unter dem Einfluß einer

Gutberandung untersucht werden. Wie im Haufwerkinneren entsteht infolge einer Normalspannung σ_w und Coulombscher Reibung eine an der Wand wirkende Schubspannung

$$\tau_W = \sigma_W \cdot \tan \varphi_W \tag{4.41}$$

mit dem Wandreibungswinkel φ_w. Diese Funktion wird im Mohrschen Spannungskreis mit Wandfließort (WFO) bezeichnet [75] und ist in Bild 4.13 dargestellt. Bedingt durch die Wandschubspannungen geht das Hauptspannungssystem, charakterisiert durch $\tau = 0$ bei σ_1 und σ_2, in ein Normalspannungssystem über. Neben dem Spannungsverhältnis von σ_1 und σ_2, auch Hauptspannungsverhältnis λ_0 genannt, existiert so auch noch das Normalspannungsverhältnis λ, hier mit den Achsrichtungen r und z versehen:

$$\lambda = \frac{\sigma_r}{\sigma_z} \tag{4.42a}$$

Dies bedeutet, daß bei Erreichen der Normalspannungen von σ_r und σ_z Fließen an der Wand stattfindet, gekennzeichnet durch den Schnittpunkt von Wandfließort (WFO) und Mohrschem Spannungskreis unter der Voraussetzung von $\varphi_w < \varphi_e$. Diese Betrachtungsweise kann auch auf den dreiachsigen Spannungszustand erweitert werden. Entsprechend den Gleichungen (4.38 b und c) gehen λ_{01} und λ_{02} über in

$$\lambda_1 = \frac{\sigma_r}{\sigma_\varphi} \quad \text{und} \quad \lambda_2 = \frac{\sigma_\varphi}{\sigma_z}. \tag{4.42b,c}$$

Bedingt durch die geringere Differenz zwischen den beiden Normalspannungen σ_r und σ_z gegenüber den Hauptspannungen σ_1 und σ_2 gilt für das aktive bzw. passive Spannungsverhältnis:

$$\lambda_a > \lambda_{0a} \text{ bzw. } \lambda_p < \lambda_{0p} \tag{4.43}$$

Aus Bild 4.13 bzw. 4.14 wird ersichtlich, daß sich unter dem Einfluß der Wandschubspannung die Gleitlinien an der Wand krümmen und die Hauptspannungen σ_1 und σ_2 um den Winkel $\gamma/2$ gegen die Wand geneigt sind [58].

Anhand des Mohrschen Spannungskreises können nun die Zusammenhänge zwischen Haupt- und Normalspannungen in Abhängigkeit der Reibwinkel φ_e und φ_w bestimmt werden [58].

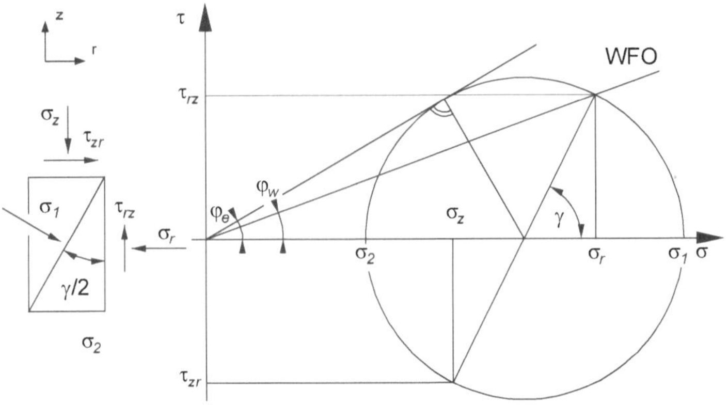

Bild 4.13: Wandfließort (WFO), dargestellt am Mohrschen Spannungskreis; passiver Spannungszustand mit $\sigma_r > \sigma_z$

Für den passiven Spannungszustand gemäß Bild 4.13 ergibt sich somit ein Spannungsverhältnis λ_p zu:

$$\lambda_p = \frac{\sin\gamma \cdot \sin\varphi_e}{(1-\cos\gamma \cdot \sin\varphi_e)\cdot \tan\varphi_w} \tag{4.44}$$

Der doppelte Winkel γ zwischen Wand und Gleitfläche beträgt hierfür

$$\gamma = \arcsin\left(\frac{\sin\varphi_W}{\sin\varphi_e}\right) + \varphi_W \ . \tag{4.45}$$

Analog kann für den aktiven Spannungszustand gemäß Bild 4.14 bezüglich dem Spannungsverhältnis λ_a verfahren werden:

$$\lambda_a = \frac{\sin\gamma \cdot \sin\varphi_e}{(1+\cos\gamma \cdot \sin\varphi_e)\cdot \tan\varphi_W} \tag{4.46}$$

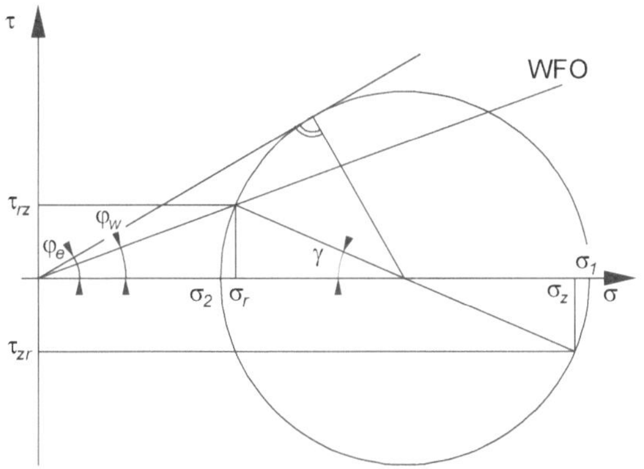

Bild 4.14: Wandfließort (WFO), dargestellt am Mohrschen Spannungskreis; aktiver Spannungszustand mit $\sigma_r < \sigma_z$

Der doppelte Winkel γ zwischen Wand und Gleitfläche beträgt dann im aktiven Fall:

$$\gamma = \arcsin\left(\frac{\sin\varphi_W}{\sin\varphi_e}\right) - \varphi_W \tag{4.47}$$

5 Berechnungsmodell

Im Hinblick auf die Beschreibung der Bewegung von Schüttgut in einem schrägen Schneckenförderer gilt es nun, die Kenntnisse aus der Einzelkörperbewegung und der Theorie der Schüttgüter in geeigneter Weise zu vereinen. So spielen bei der Betrachtung der Einzelkörperbewegung lediglich die Vorgänge an der Berandung des Einzelkörpers, genauer zwischen Einzelkörper und Schneckenwendel bzw. Rohrinnenwand eine Rolle, wogegen das Schüttgutverhalten unter äußeren Belastungen, unter anderem durch die Vorgänge im Inneren des Schüttguthaufwerks geprägt wird. Um zunächst das Schüttgutverhalten abzubilden, ist hierzu ein geeignetes Modell zu entwickeln. Das entscheidende Kriterium ist in diesem Fall der lokale Spannungszustand im Gut.

5.1 Spannungsmodelle für vertikal bewegte Schüttgüter

Die Wechselwirkungen zwischen den Spannungen an der Berandung und den Spannungen im Inneren eines Schüttguthaufwerks sollen am Beispiel eines ebenen mit Schüttgut gefüllten Zylinders (Bild 5.1) erläutert werden.

Hier kann die Wandschubspannung τ_w zwischen der Schüttgutfüllung und der Zylinderwand sowohl in Richtung als auch entgegen der Schwerkraft wirken. Anschaulich kann dies durch die Bewegung der Schüttgutfüllung zum einen in Schwerkraftrichtung und zum anderen entgegen der Erdbeschleunigung erklärt werden.

In Abhängigkeit der Wirkrichtung der Wandschubspannung τ_w ergeben sich so die im Bild 5.1 dargestellten Spannungsverläufe für die Vertikalspannung σ_z und die radiale Spannung σ_r. Im Bild sind jeweils drei Spannungsverläufe für die beiden vorgenannten Spannungen abgebildet.

- Der Fall a) bezeichnet die Gutbewegung in Richtung der Erdbeschleunigung. Beide Spannungen streben dabei einem Grenzwert zu, da sich das Schüttgut an der Zylinderinnenwand abstützen kann. Die Vertikalspannung $\sigma_z(r,z = 0)$ erreicht ihr Maximum bei $r = 0$. Diese charakteristischen Spannungsverläufe sind beispielsweise bei der Silolagerung zu beobachten.

- Der Fall b) entspricht einer Flüssigkeitssäule mit einem idealen, reibungsfreien Fluid. Der hydrostatische Druck nimmt mit zunehmender Tiefe linear zu. Die Vertikalspannung $\sigma_z(r,z = 0)$ ist entlang dem Radius r konstant. Es gilt $\tau_w = 0$.

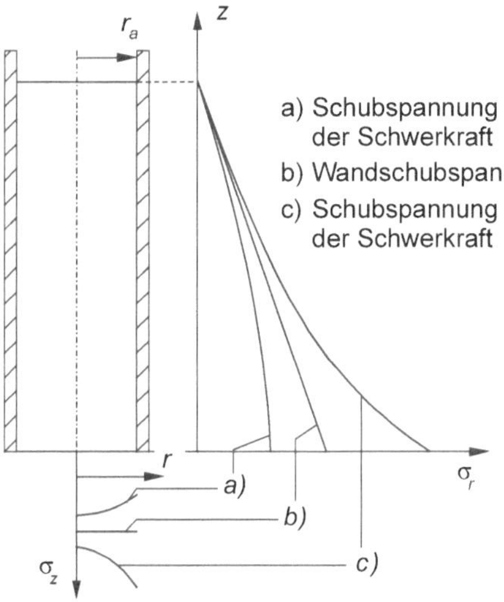

Bild 5.1: Darstellung der Vertikalspannung σ_z $(r,z = 0)$ und der Radialspannung $\sigma_r(z)$ in Abhängigkeit der Wandschubspannungsrichtung in einem mit Schüttgut gefüllten Rohr

- Der Fall c) bezeichnet die Gutbewegung entgegen der Schwerkraft, was auch für die Gutbewegung im Schneckenförderer zutrifft. Die Vertikal- und die Radialspannung steigen ausgehend von der freien Schüttgutoberfläche exponentiell an. Die Vertikalspannung σ_z $(r,z = 0)$ erreicht ihr Maximum bei $r = r_a$.

Diese Spannungszustände wurden erstmals von Janssen [79] im Rahmen von Untersuchungen an Silos beschrieben. Seine und weitere Arbeiten dienen im weiteren Verlauf der hier vorgenommenen Untersuchung als Basis für das zu entwickelnde Berechnungsverfahren und sollen daher in einem nächsten Schritt dargelegt werden.

Ausgangspunkt ist die Betrachtung einer infinitesimal dünnen Schüttgutscheibe des Siloquerschnitts mit der Dicke dz, wie sie Bild 5.2 zeigt. Unter der Annahme einer entlang dem Scheibenumfang konstanten Wandschubspannung τ_w besteht so die Möglichkeit, die Vertikalspannung σ_z und die Radialspannung σ_r in Abhängigkeit der Wandschubspannung τ_w zu berechnen. Entgegen der Darstellung in Bild 5.1 wird die Vertikalspannung dabei als konstant über dem Querschnitt angesehen:

$$\sigma_z(r) = \text{const.} \tag{5.1}$$

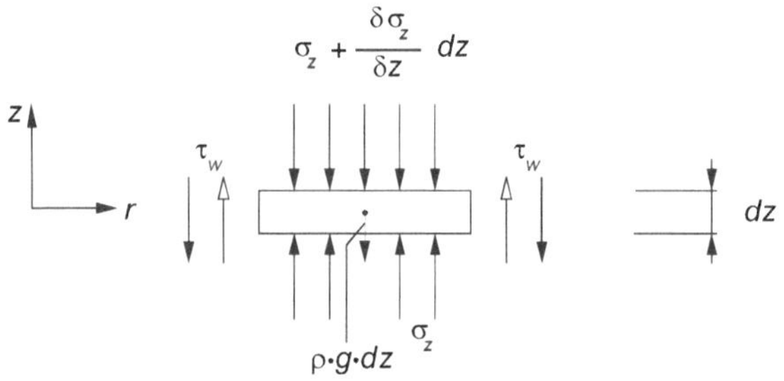

Bild 5.2: Spannungen an einer Scheibe der Dicke dz unter Berücksichtigung der Bewegungsrichtung (Wirkrichtung der Wandschubspannung τ_w)

Das Kräftegleichgewicht an der Schüttgutscheibe in vertikaler Richtung lautet:

$$\sum F_z = 0 = \frac{\partial \sigma_z}{\partial z} dz \cdot \left(r_a^2 \cdot \pi\right) \pm \tau_w \cdot 2 \cdot \pi \cdot r_a \cdot dz + \left(r_a^2 \cdot \pi\right) \cdot dz \cdot \rho \cdot g \tag{5.2}$$

Mit den Gleichungen (4.41) und (4.42) ergibt sich die Wandschubspannung τ_w zu

$$\tau_W = \sigma_z(z) \cdot \lambda \cdot \tan \varphi_W \,. \tag{5.3}$$

Die Lösung der Gleichung (5.2), unter Verwendung von Gl. (5.3), lautet sodann:

$$\sigma_z(z) = \mp \frac{\rho \cdot g \cdot r_a}{2 \cdot \tan \varphi_W} + C \cdot \exp\left(\pm \frac{2 \cdot \lambda \cdot \tan \varphi_W \cdot z}{r_a} \right) \tag{5.4}$$

Die negativen Vorzeichen bezeichnen den Fall, daß die Wandschubspannung τ_w in Richtung der Erdbeschleunigung weist, die positiven Vorzeichen kennzeichnen den umgekehrten Fall (siehe Bild 5.2). Die Integrationskonstante C wird durch die Spannungsrandbedingungen an einer Stelle z bestimmt.

Da der radiale Abbau der Wandschubspannung τ_w in Gleichung (5.4) nicht berücksichtigt wird, stellt der Ansatz von Janssen lediglich eine erste Näherung dar. Daher erweiterte Walker [80] dieses Modell (siehe Bild 5.3). Er geht von einer konstanten Radialspannung aus, mittelt jedoch die Vertikalspannungen über den Querschnitt. Der Abbau der Wandschubspannung erfolgt im Gutinneren linear mit der Randbedingung $\tau_{zr}(r = 0) = 0$ an der Symmetrieachse. Über einen Verteilfaktor D schätzt Walker die Abweichung der Vertikalspannung σ_z $(r = r_a, z)$ an der Wand von der gemittelten Vertikalspannung $\overline{\sigma}_z(z)$ ab:

$$D = \frac{\sigma_z(r = r_a, z)}{\overline{\sigma}_z(z)} \tag{5.5}$$

Für vertikale Röhren ergeben sich bei Schwerkraftfluß Verteilfaktoren von $D \leq 1$ [80]. Walker gelangt schließlich zu einer Gleichung der Form

$$\overline{\sigma}_z(z) = \mp \frac{\rho \cdot g \cdot r_a}{2 \cdot B \cdot D} + C \cdot \exp\left(\pm \frac{2 \cdot B \cdot D \cdot z}{r_a} \right). \tag{5.6}$$

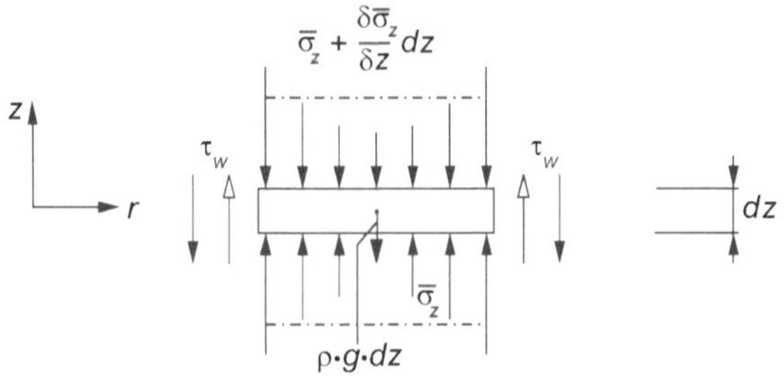

Bild 5.3: *Spannungen an einer Scheibe der Dicke dz unter Berücksichtigung des Wandschubspannungsabbaus nach Walker [80] und der Bewegungsrichtung (Wirkrichtung der Wandschubspannung τ_w); $\bar{\sigma}_z$ bezeichnet die mittlere Vertikalspannung (Strichpunktlinie)*

Diese Gleichung unterscheidet sich von der Janssengleichung (5.4) durch die andersartigen Koeffizienten D und B.

Der Koeffizient B resultiert aus der Betrachtung des Wandfließortes WFO im Mohrschen Spannungskreis (siehe Bild 4.14) und entspricht dem Verhältnis von Wandschubspannung τ_w zu Vertikalspannung σ_z $(r = r_a, z)$

$$B = \frac{\tau_W}{\sigma_z(r = r_a, z)} = \frac{\tau_W}{D \cdot \bar{\sigma}_z(z)} \quad . \tag{5.7}$$

Für den unbestimmten Verteilfaktor D liefert Walters [81] eine Lösung; Ohde, Nanninga und Kötter berechnen ebenfalls eine verteilte Vertikalspannung mit abgewandelten Janssengleichungen [58]. Korzen [82] wiederum konnte zeigen, daß diese Betrachtungsweise auch für frei fallendes Gut in Schurren gültig ist. Wie im Modell von Walker, wird auch den letztgenannten Ansätzen eine entlang dem Radius konstante Horizontalspannung σ_r zugrunde gelegt.

Ein weiteres Verfahren unterteilt nun die betrachtete Gutscheibe zusätzlich in infinitesimal dünne Ringe [83]. Dies führt somit zu einer kontinuumsmechanischen Betrachtung an einem differentiellen Volumenelement. Bild 5.4 zeigt ein solches Element mit den für das vertikale Kräftegleichgewicht relevanten Spannungen.

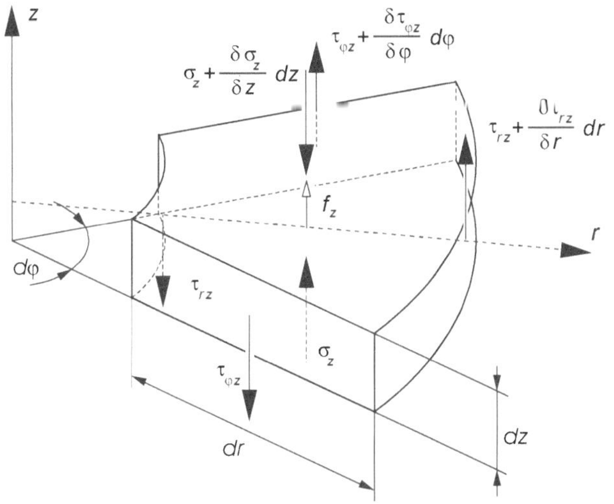

Bild 5.4: Schub- und Normalspannungen an einem differentiellen Volumenelement in einem Schüttgutbehälter

Aus dem Kräftegleichgewicht am differentiellen Element ergibt sich ein System partieller Gleichungen, das durch die Wahl geeigneter Randbedingungen zu lösen ist.

Nach Stroppel [84] kann der Einfluß der Wandreibung mit der Airyschen Spannungsfunktion [85] beschrieben werden. Die Einflußzone der Wandschubspannung weitet sich laut Stroppel mit zunehmender Tiefe im Schüttgut aus (Bild 5.5). Er setzt hierbei voraus, daß sich das Schüttgut im Bruchzustand befindet und die Radialspannung σ_r linear mit der Höhe abnimmt.

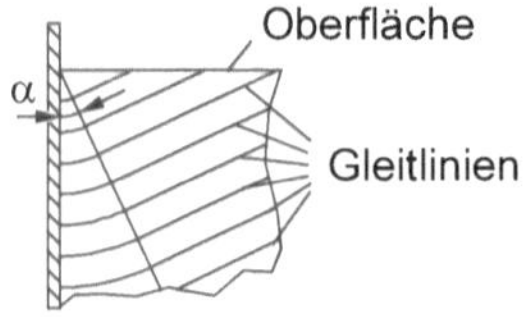

Bild 5.5: Krümmung der Gleitlinien an einer rauhen Wand unter Einfluß der Wandschubspannung

Allgemein kann durch Differentiation der Airyschen Spannungsfunktion eine Differentialgleichung, Bipotentialgleichung genannt, bestimmt werden. Deren Lösungen beschreiben unendlich viele ebene Spannungszustände [85]. Für den vorliegenden Fall scheinen aber keine Airyschen Spannungsfunktionen zu existieren, welche die auftretenden Differentialgleichungen erfüllen [58].

Unter der Vorgabe einer spannungsbehafteten freien Gutoberfläche ergibt sich ein System von Differentialgleichungen, dessen Lösung mit Hilfe des Charakteristikenverfahrens ermittelt werden kann. Die Charakteristiken entsprechen hierbei den Gleitlinien [86].

5.2 Ansatz für den vertikalen Schneckenförderer

Die beschriebenen Ansätze, speziell zur Siloauslegung, zeigen die Möglichkeiten hinsichtlich der Spannungsberechnung im Schüttgut auf. Berücksichtigt wird dabei lediglich ein zweiachsiger Spannungszustand. Der Fördervorgang im Schneckenförderer wird jedoch von einem dreiachsigen Spannungszustand bestimmt. Neben den Vertikal- und den Horizontalspannungen spielen auch die Spannungen in azimutaler Richtung eine Rolle. Die Vertikalförderung war mehrmals Gegenstand wissenschaftlicher Untersuchungen, wodurch eine Reihe von geeigneten Modellen zur Bestimmung des Förderverhaltens, aber auch der Spannungsverteilung im Schüttgutinneren und an den Gutberandungen bekannt sind.

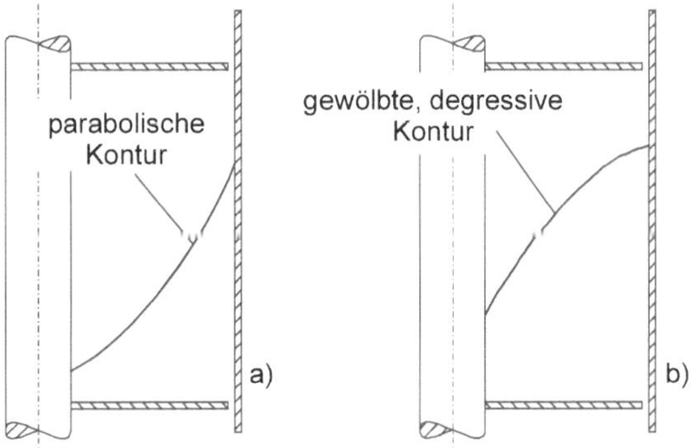

Bild 5.6: *Gegenüberstellung von angenommenem (a) und beobachtetem (b) Konturverlauf in einer Schneckenkammer bei ungestörter Förderung*

Grundsätzlich unterliegt das Schüttgut während der Förderung äußeren Kräften sowie Volumenkräften. Infolge dieser Beanspruchung stellt sich eine charakteristische Gutverteilung innerhalb der Schneckenkammer ein [35; 55; 58]. Analog zur Einzelkörperbewegung ist die Schneckendrehzahl der bedeutendste Parameter mit Bezug auf die Gutbewegung. Aus Kapitel 4.1 ist die Kinematik eines starren Einzelkörpers bereits bekannt.

Demgegenüber bestimmen im wesentlichen die Stoffparameter die Gutverteilung in der Schneckenkammer. Diese charakteristische Gutverteilung ist eine Folge der in der Schüttgutfüllung herrschenden Spannungen und deren Verteilung. Gemäß den bekannten Untersuchungen [35; 37; 55; 58] prägt sich im stationären Förderzustand eine gleichförmige Kontur entlang dem Umfang aus.

Entgegen früheren Annahmen einer parabolischen Gutoberfläche konnte Ertl [35] experimentell andersartige Oberflächenkonturen der Gutfüllung nachweisen. Roberts [38] und Rademacher [40] ermittelten vergleichbare Konturverläufe in Grundversuchen. Ertl beobachtete bei niedrigen Drehzahlen einen nahezu linearen Verlauf, bei höheren Drehzahlen dagegen eine nach außen gewölbte, degressive Kurvenform (Bild 5.6).

5.3 Das Basismodell

Zunächst ist die Wahl des Koordinatensystems vorzunehmen. Für die Modellbildung bietet sich im vorliegenden Fall ein rotationssymmetrisches, zylindrisches Modellsystem an.

Dieses als r,z,φ-System bezeichnete Modellsystem erlaubt eine einfache Darstellung von konstantem Gutquerschnitt und konstanten Geschwindigkeitskomponenten unabhängig von der Winkelposition entlang dem Umfang.

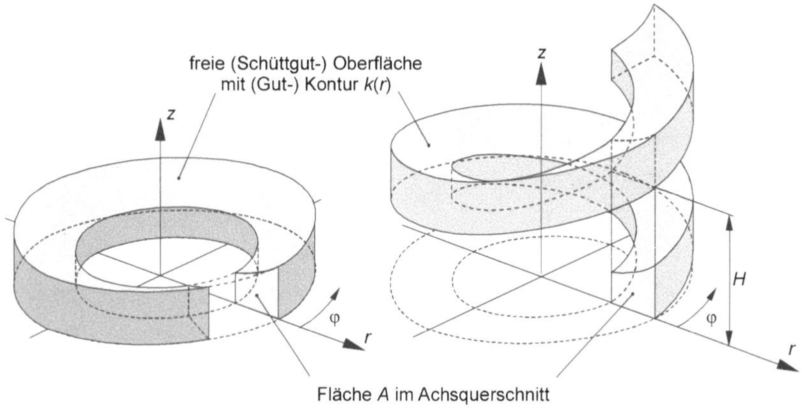

Bild 5.7: Darstellung eines schraubenförmigen Schüttgutkörpers und eines Ringkörpers gleicher Fläche und gleicher Oberflächenkontur im Achsschnitt

Als Modellkörper wird ein Ringkörper verwendet, denn ein schraubenförmiger Schüttgutkörper und ein rotationssymmetrischer Ringkörper weisen identische Volumina unter der Voraussetzung gleicher Querschnittsflächen in beliebigen Achsschnitten auf. In Bild 5.7 sind jeweils ein schraubenförmiger Schüttgutkörper und ein rotationssymmetrischer Ringkörper abgebildet.

Diese Modellvorstellung birgt zudem den Vorteil, daß hier, wie in Kapitel 5.1, kontinuumsmechanische Ansätze im Hinblick auf die Spannungsberechnung an einem rotationssymmetrischen Ringkörper anwendbar sind.

Die differentiellen Gleichgewichtsbeziehungen [35] an einem Volumenelement (vergleiche Bild 5.4) lauten:

- in radialer Richtung

$$\frac{\partial}{\partial r}(r \cdot \sigma_r) + \frac{\partial \sigma_{\varphi r}}{\partial \varphi} + \frac{\partial}{\partial z}(r \cdot \sigma_{zr}) - \sigma_\varphi + r \cdot f_r = 0 \tag{5.8}$$

- in azimutaler Richtung

$$\frac{\partial}{\partial r}(r \cdot \sigma_{\varphi r}) + \frac{\partial \sigma_\varphi}{\partial \varphi} + r \cdot \frac{\partial \sigma_{z\varphi}}{\partial z} + \sigma_{\varphi r} + r \cdot f_\varphi = 0 \tag{5.9}$$

- in axialer Richtung

$$\frac{\partial}{\partial z}(r \cdot \sigma_{rz}) + \frac{\partial \sigma_{\varphi z}}{\partial \varphi} + r \cdot \frac{\partial \sigma_z}{\partial z} + r \cdot f_z = 0 \tag{5.10}$$

Zur Lösung dieses Systems von partiellen Differentialgleichungen sind nun einige vereinfachende Annahmen hinsichtlich Geschwindigkeitsverteilung und Spannungszustand [35] zu treffen. Die Gleichungen (5.8) bis (5.10) beinhalten noch die

Volumenkräfte f_z, f_φ und f_r. Von diesen drei Kräften können f_z und f_r bereits formuliert werden:

$$f_z = -\rho_s \cdot g \tag{5.11}$$

und

$$f_r = -\rho_s \cdot r \cdot \omega_a^2 \tag{5.12}$$

Gemäß den Gleichungen (5.8) und (5.12) muß die absolute Winkelgeschwindigkeit vorab bekannt sein. Weiterhin werden zunächst Relativbewegungen im Schüttgutinneren ausgeschlossen, was in der Regel auch zutrifft. Damit gilt für die Gutwinkelgeschwindigkeit:

$$\omega_a(r,z) = \omega_a = const. \tag{5.13}$$

Unter dieser Vorgabe einer konstanten Gutwinkelgeschwindigkeit mit demnach konstanten Geschwindigkeitsanteilen in r-, φ- und z-Richtung entlang dem Umfang folgt die Forderung, daß das Fördergut, zumindest im Inneren, in einem elastischen Zustand vorliegen muß. Dies bedeutet, daß die Gutquerschnittsfläche und -kontur entlang dem Umfang unverändert bleiben. Aus Gleichung (5.13) geht zudem hervor, daß die Volumenkraft f_φ entlang dem Umfang konstant ist. Es gilt somit

$$\frac{\partial \sigma_\varphi}{\partial \varphi} = 0. \tag{5.14}$$

Legt man nun dem System einen bestimmten Spannungszustand zugrunde, kann die Spannungsverteilung im Gutinneren ermittelt werden. Zusätzlich sind hier noch weitere Vereinfachungen bezüglich der Hauptspannungsrichtungen und der Schubspannungen vorzunehmen. So geht Ertl davon aus, daß die Hauptspannungsrichtungen mit den Einheitsvektoren e_r, e_φ und e_z des oben eingeführten

Koordinatensystems identisch sind. Für die Schubspannungen in einem Hauptspannungssystem gilt:

$$\sigma_{ij} = 0 \tag{5.15}$$

Bei bekannter Spannungsverteilung läßt sich mit Hilfe des Fließkriteriums leicht überprüfen, ob ein elastischer Zustand im Gutinneren vorliegt.

Zwar liegt nun die Möglichkeit zur Lösung des Differentialgleichungssystems vor, aber die für den Fördervorgang im senkrechten Schneckenförderer maßgebenden Schubspannungen an den Berandungen der Schüttgutfüllung finden augenblicklich keine Berücksichtigung mehr. So vereinfacht sich Gleichung (5.10) unter Verwendung der Gleichungen (5.11) und (5.15) zu

$$r \cdot \frac{\partial \sigma_z}{\partial z} + r \cdot \rho_S \cdot g = 0 \ . \tag{5.16}$$

Eine Integration dieser Gleichung führt zur Vertikalspannung σ_z im wandreibungsfreien Zustand. Unter Vorgabe einer spannungsfreien Oberfläche [109] lautet die Lösung:

$$\sigma_z = \rho_S \cdot g(k(r) - z) \tag{5.17}$$

Die Wandreibung, genauer die ortsabhängige Vertikalkomponente der Wandschubspannung τ_w, kann laut Greinwald [58] durch Superposition zur Vertikalspannung σ_z hinzu addiert werden. Ausgehend von der freien Schüttgutoberfläche reicht der Einfluß der Schubspannung mit zunehmender Tiefe immer weiter in das Gutinnere hinein (siehe Bild 5.5). Demzufolge befinden sich im Schüttgutkörper Zonen mit unterschiedlichen Spannungsverhältnissen; zum einen sind dies schubspannungsfreie und zum anderen schubspannungsbehaftete Gebiete.

Greinwald [58] definiert in der Schneckenkammer zwei Zonen (Bild 5.8):

- Zone I
  wandschubspannungsfreie Zone

- Zone II
  wandschubspannungsbehaftete Zone in der Schneckenkammer

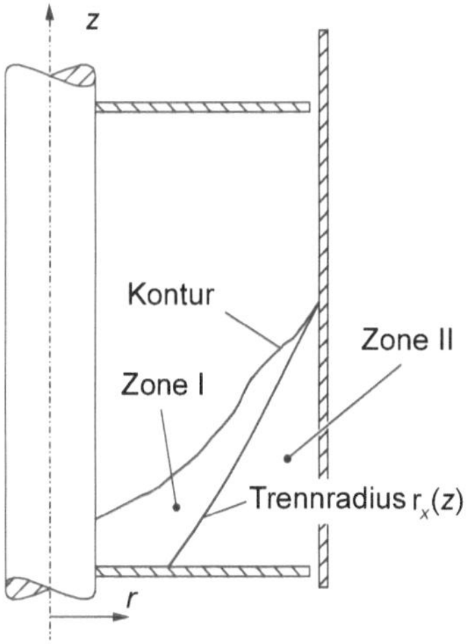

Bild 5.8: *Darstellung der Zonen I und II nach Greinwald [58] im Schneckenförderer; $r_x(z)$ bezeichnet den Trennradius zwischen der wandschubspannungsfreien Zone I und der wandschubspannungsbehafteten Zone II*

Diese beiden Zonen grenzen sich durch den in Bild 5.8 erkennbaren Trennradius $r_x(z)$ voneinander ab. Der Trennradius r_x bezeichnet hierbei den Grenzradius, bis zu welchem die Wandschubspannungen in Abhängigkeit der Tiefe im Gutinneren wirken.

Wie bereits aus den Ausführungen zur Siloauslegung hervorgeht, wird dort die Wandschubspannung über einen Verteilfaktor D ins Gutinnere hinein abgebaut. Es wird davon ausgegangen, daß der Abbau der Wandschubspannung linear erfolgt. Letztere Annahme wird hier im Falle des senkrechten Schneckenförderers übernommen. Damit geht die Vertikalspannung σ_z über in eine vertikale Ersatzspannung $\sigma_z(r,z)$ für $r_x(z) \le r \le r_a$ und $0 \le z \le k(r)$. Im Bereich $r_i \le r < r_x(z)$ gilt hingegen Gleichung (5.17). Die Radien r_i und r_a bezeichnen den Wellen- und den Rohrinnenradius.

Als Maß für den radialen Schubspannungsabbau führt Greinwald [58] die Größe Z analog zum Verteilfaktor D ein. Damit läßt sich die Vertikalspannung nun bereichsweise wie folgt definieren:

$$\sigma_z(r,z) = \begin{cases} \rho_S \cdot g \cdot (k(r) - z), & \text{für Zone I mit } r_i \le r < r_x(z) \\ \rho_S \cdot g \cdot (k(r) - z) + Z \cdot r + \theta, & \text{für Zone II mit } r_x(z) \le r \le r_a \end{cases} \tag{5.18}$$

Für das Kräftegleichgewicht an einer Scheibe ergibt sich gegenüber den Bildern 5.3 bzw. 5.4 die in Bild 5.9 gezeigte Veränderung

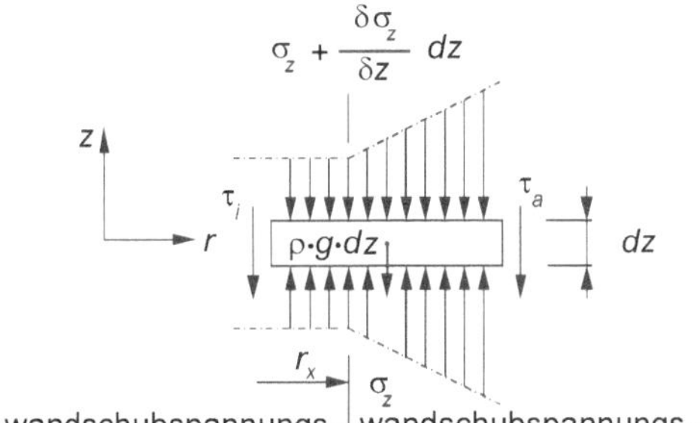

Bild 5.9: Spannungen an einer Scheibe der Dicke dz unter Berücksichtigung des Wandschubspannungsabbaus

Allgemein lautet sodann das Kräftegleichgewicht in z-Richtung:

$$\sum F_z = 0 = \int_{A_z} \sigma_z \cdot dA_z - \int_{A_z} \left(\sigma_z + \frac{\partial \sigma_z}{\partial z} \cdot dz \right) \cdot dA_z - \int_{A_r} \tau_i \cdot dA_r - \int_{A_r} \tau_a \cdot dA_r - \int_V \rho_s \cdot g \cdot dV$$

(5.19)

Mit

$A_z = r \cdot dr \cdot d\varphi$ bzw. (5.20)

$A_r = r \cdot dz \cdot d\varphi$ und (5.21)

$V = r \cdot dr \cdot dz \cdot d\varphi$ (5.22)

geht Gleichung (5.19) über in

$$0 = \int_{A_z} \frac{\partial \sigma_z}{\partial z} \cdot r \cdot dr \cdot d\varphi \cdot dz - \int_{A_r} \tau_i \cdot r \cdot dz \cdot d\varphi - \\ - \int_{A_r} \tau_a \cdot r \cdot dz \cdot d\varphi - \int_V \rho_s \cdot g \cdot r \cdot dr \cdot d\varphi \cdot dz$$

(5.23)

und für ein Segment der Bogenlänge Φ in

$$\frac{\partial}{\partial z} \left(\int_0^{\Phi} \int_{r_i}^{r_a} \sigma_z \cdot r \cdot dr \cdot d\varphi \right) dz + \int_0^{\Phi} \tau_i \cdot r_i \cdot d\varphi \cdot dz + \\ + \int_0^{\Phi} \tau_a \cdot r_a \cdot d\varphi \cdot dz + \int_0^{\Phi} \int_{r_i}^{r_a} \rho_s \cdot g \cdot r \cdot dr \cdot dz \cdot d\varphi = 0 \quad .$$

(5.24)

Die Berechnung der Wandschubspannungen τ_i und τ_a erfolgt nach Gleichung (4.42a), also unter Verwendung des Spannungsverhältnisses zwischen Vertikal- und

Radialspannung. Aus den radialen Normalspannungen auf die Innen- und Außenberandung

$$\sigma_{ri} = \lambda_i \cdot \sigma_{zi} = \lambda_i \cdot \rho_s \cdot g\big(k(r_i) - z\big) \tag{5.25}$$

und

$$\sigma_{ra} = \lambda_a \cdot \sigma_{za} = \lambda_a \cdot \big[\rho_s \cdot g\big(k(r_a) - z\big) + Z \cdot r_a + \theta\big] \tag{5.26}$$

ergeben sich bei bekannten Reibungsbeiwerten μ_i und μ_a die Schubspannungen.

$$\tau_i = \lambda_i \cdot \mu_i \cdot \sigma_{zi} = \lambda_i \cdot \mu_i \cdot \rho_s \cdot g\big(k(r_i) - z\big) \tag{5.27}$$

$$\tau_a = \lambda_a \cdot \mu_a \cdot \sigma_{za} = \lambda_a \cdot \mu_a \cdot \big[\rho_s \cdot g\big(k(r_a) - z\big) + Z \cdot r_a + \theta\big] \tag{5.28}$$

In die Gleichung (5.24) kann Gleichung (5.18) eingesetzt werden. Die Kraftkomponente aus der Vertikalspannung σ_z geht über in:

$$\begin{aligned} \int_0^{\Phi} \int_{r_i}^{r_a} \sigma_z \cdot r \cdot dr \cdot d\varphi &= \Phi \cdot \int_{r_i}^{r_x} \rho_s \cdot g\big(k(r) - z\big) \cdot r \cdot dr + \Phi \cdot \int_{r_x}^{r_a} \big(\rho_s \cdot g\big(k(r) - z\big) + Z \cdot r + \theta\big) \cdot r \cdot dr \\ &= \Phi \cdot \int_{r_i}^{r_a} \rho_s \cdot g\big(k(r) - z\big) \cdot r \cdot dr + \Phi \cdot \int_{r_x}^{r_a} \big(Z \cdot r + \theta\big) \cdot r \cdot dr \end{aligned} \tag{5.29}$$

Am Radius r_x geht der Bereich II in den Bereich I über, wobei der Einfluß der Wandschubspannung verschwindet. Damit ist die Randbedingung zur Bestimmung des Ordinatenabschnitts θ mit $Z \cdot r_x + \theta = 0$ gegeben. Eingesetzt in die Gleichungen (5.28) und (5.29) resultieren daraus:

$$\tau_a = \lambda_a \cdot \mu_a \cdot \big[\rho_s \cdot g\big(k(r_a) - z\big) + Z \cdot (r_a - r_x)\big] \tag{5.30}$$

$$\int_{r_i}^{r_a} \sigma_z \cdot r \cdot dr = \int_{r_i}^{r_a} \rho_S \cdot g(k(r) - z) \cdot r \cdot dr + \int_{r_x}^{r_a} Z \cdot (r - r_x) \cdot r \cdot dr \tag{5.31}$$

Gemäß Gleichung (5.24) ist Gleichung (5.30) nach der Koordinate z abzuleiten:

$$\frac{d}{dz}\left(\int_{r_i}^{r_a} \sigma_z \cdot r \cdot dr\right) = -\frac{\rho_S \cdot g}{2} \cdot \left(r_a^2 - r_i^2\right) - \frac{Z}{2} \cdot \left(r_a^2 - r_x^2\right) \cdot \frac{dr_x}{dz} \tag{5.32}$$

Durch Einsetzen der Gleichungen (5.27), (5.30) und (5.32) gewinnt man die Bestimmungsgleichung für den Verlauf von $r_x(z)$:

$$\begin{aligned} \frac{dr_x}{dz} = \frac{2}{Z \cdot (r_a^2 - r_x^2)} \cdot \{ & \lambda_i \cdot \mu_i \cdot \rho_s \cdot g(k(r_i) - z) \cdot r_i + \\ & \lambda_a \cdot \mu_a \cdot [\rho_s \cdot g(k(r_a) - z) + Z \cdot (r_a - r_x)] \cdot r_a \} \end{aligned} \tag{5.33}$$

Diese inhomogene Differentialgleichung (5.33) ist mit Hilfe des Runge-Kutta-Verfahrens numerisch lösbar, auch für unterschiedliche Oberflächenkonturen $k(r)$. Bei der numerischen Berechnung ist zu berücksichtigen, daß die Wandschubspannung nur im Bereich $r_x(z) \leq r \leq r_a$ abgebaut werden kann. Im Bereich des Schubspannungsabbaues wird ein ungescherter Schüttgutblock vorausgesetzt, da nur im elastischen Zustand die vertikalen Anteile der Wandschubspannung weitergeleitet werden können. Abscheren bedeutet, daß die Schubspannung bis zu dieser Scherzone vollständig abzubauen ist. Hierzu sind die Faktoren entsprechend anzupassen. Ausgangspunkt für die Bestimmung der beiden Faktoren ist die Konstanz der Radialspannung $\sigma_r(r_a)$, die vom radialen Verlauf der Wandschubspannung unabhängig sein muß. Ein rascher Abbau der Wandschubspannung bedingt folglich ein größeres Z und ein verkleinertes λ_a. Der Maximalwert von Z geht aus dem kleinstmöglichen Spannungsverhältnis λ_a hervor. Weiterhin gilt $r_i \leq r_x(z) \leq r_a$ für den Radius r_x. Der Radius r_x kann folglich als Mindestwert nur den Wellenradius annehmen.

5.4 Die Gutverteilung im drehbewegten System

Im Zusammenhang mit dem Spannungsmodell war bereits von der Gutverteilung des Schüttgutes in der Schneckenkammer die Rede. Die Verteilung erfolgt unter dem Einfluß der Drehbewegung mit der Winkelgeschwindigkeit ω_a. Die Charakteristik der Gutverteilung hängt hierbei von den im Schüttgut herrschenden Spannungen ab. Erreichen beispielsweise die Spannungen den Bruchzustand in einer beliebigen Ebene, kommt es in der Füllung zum Übergang von elastischem zu einem plastischen Zustand, dem Fließen. Diese plastische Verformung setzt sich solange fort, bis das Bruchkriterium gerade nicht mehr erfüllt wird und das Schüttgut wieder in einen elastischen Zustand gerät. Die wirkenden Kräfte, nämlich Eigengewichtskraft und Zentrifugalkraft, bedingen somit ein Aufböschen des Fördergutes hin zur Rohrinnenwand.

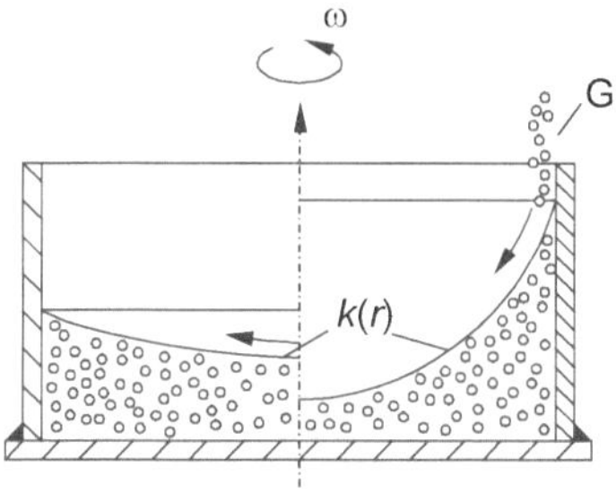

Bild 5.10: Mögliche Grenzkonturen in einem drehenden Topf, abhängig von der Art der Konturerzeugung; der Pfeil symbolisiert hier die „Verteilungsrichtung" des Schüttgutes im Topf

Mit der Gutverteilung in der Kammer geht die Ausprägung einer charakteristischen Oberflächenkontur einher, die damit ebenfalls eine Folge der herrschenden Spannungen ist. Hierbei ist bemerkenswert, daß sich innerhalb bestimmter Grenzen beliebige Gutkonturen einstellen können [58]. Dieser Effekt ist auf die innere Reibung im Schüttgut zurückzuführen. Unter Voraussetzung einer radial konstanten

Gutwinkelgeschwindigkeit sind zwei Grenzfälle zu unterscheiden. Für einen rotierenden ebenen Topf (Bild 5.10) bedeutet dies:

- Es bildet sich im einen Fall lediglich eine flachere freie Gutoberfläche durch den Einfluß der Zentrifugalkraft aus. Das zunächst gleichmäßig im Topf verteilte Schüttgut drängt hierbei nach außen zur Topfberandung.

- Im anderen Fall entsteht durch Einbringen von Schüttgut am Topfrand eine steilere Oberflächenkontur, denn das Schüttgut muß sich hier vom Topfrand hin zur Topfmitte verteilen, also gegen die Wirkrichtung der Zentrifugalkraft.

Dieser Effekt hat im Verbund mit anderen gerätespezifischen Phänomenen einen besonderen Einfluß auf das Förderverhalten, insbesondere auf die Gutkontur und deren Verlauf entlang dem Umfang im noch zu besprechenden schrägen Schneckenförderer. Damit könnte begründet werden, warum sich trotz periodisch ändernder Kräfte entlang dem Umfang eine einheitliche Gutkontur ausprägt.

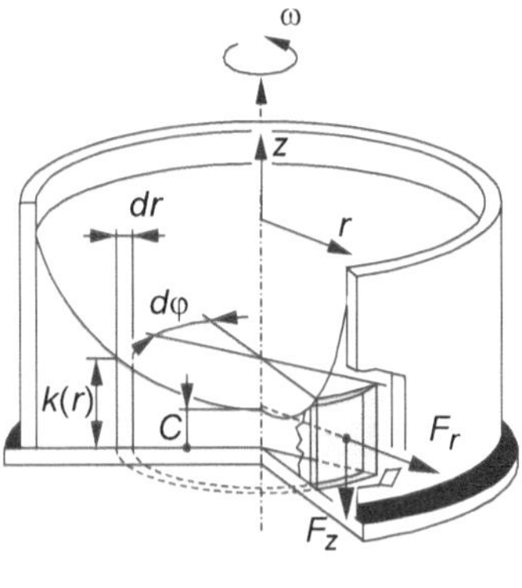

Bild 5.11: Darstellung eines Sektorelementes mit der Breite $d\varphi$, der Dicke dr und der Höhe $k(r)$ in einem drehbewegten Topf sowie der am Sektorelement angreifenden Kräfte F_r in radialer und F_z in vertikaler Richtung

Mit Hilfe der Spannungsverhältnisse von Horizontal- und Vertikalspannungen, welche hier zugleich als Hauptspannungen definiert sind, ist nun die Bestimmung der Oberflächenkontur $k(r)$ (siehe Bild 5.11) möglich. Aufgrund der Spannungsfreiheit an der Schüttgutoberfläche [35] betrachtet man den Grenzwert

$$\lim_{z \to k(r)} \lambda(r,z) = \lim_{z \to k(r)} \frac{d\sigma_r}{d\sigma_z}. \qquad (5.34)$$

Die totalen Differentialquotienten $d\sigma_r$ und $d\sigma_z$, abgeleitet aus den Gleichungen (5.8) und (5.10), lauten

$$d\sigma_r = \rho_S \cdot r \cdot \omega_a^2(r) \cdot dr - \rho_S \cdot r \cdot \omega_a^2(r) \cdot \frac{1}{k'(r)} dz \qquad (5.35)$$

und

$$d\sigma_z = \rho_S \cdot g \cdot k'(r) \cdot dr - \rho_S \cdot g \cdot dz \; . \qquad (5.36)$$

Eingesetzt in Gleichung (5.34) folgt für das Spannungsverhältnis λ an der Oberfläche

$$\lim_{z \to k(r)} \lambda = \frac{r \cdot \omega_a^2(r)}{g \cdot k'(r)}. \qquad (5.37)$$

Durch Umstellung von Gleichung (5.37) gelangt man so zur Steigung der Oberflächenkontur in radialer Richtung:

$$k'(r) = \frac{r \cdot \omega_a^2(r)}{g \cdot \lambda(r, z = k(r))} \qquad (5.38)$$

Die Integration der Gleichung (5.38) führt zur Stammfunktion der Oberflächenkontur $k(r)$.

$$k(r) = \int_0^r k'(t)dt + C = \int_0^r \frac{t \cdot \omega_a^2(t)}{g \cdot \lambda(t, z = k(r))} dt + C \,. \tag{5.39}$$

Die Integrationskonstante C legt die Höhenlage der Kontur bezüglich einer Referenzmarke, hier ist es nach Bild (5.11) der Topfboden, fest.

5.5 Die Rahmenbedingungen für den steilen Schneckenförderer

Nachdem nun ein geeignetes Spannungsmodell für vertikal bewegte Schüttgüter unter Berücksichtigung des Wandschubspannungsabbaus sowie eine Beschreibung der Gutverteilung in einem rotierenden System gefunden wurden, sind hier die Rahmenbedingungen für den besonderen Fall des Schüttguttransportes in steilen Schneckenförderern festzulegen.

Wie eingangs erwähnt, bewegt sich das Schüttgut auch im Fall des steilen Schneckenförderers auf einer schraubenförmigen Bahn. Dabei ist die Gutbewegung dadurch gekennzeichnet, daß sie analog der Vertikalförderung entlang dem Umfang keinen periodischen Änderungen unterliegt, wie dies etwa bei der Förderung eines Einzelkörpers bei vergleichbaren Achsneigungen beobachtet wurde.

Die Hintergründe hierfür sind zu beleuchten und die Auswirkungen im Hinblick auf die Modellbildung zu berücksichtigen. Zunächst sind die spezifischen Eigenheiten der steilen bis vertikalen Förderung mittels Schnecken darzulegen. Diese gelten prinzipiell für den steilen und den vertikalen Förderfall gleichermaßen und sollen das Verständnis für die zu treffenden Annahmen erleichtern.

5.5.1 Bauteil- und Montagetoleranzen

Grundsätzlich ist festzustellen, daß der Schneckenförderer ein geometrisch unpräzises Gerät ist, was mit den Fertigungstoleranzen der maßgeblichen Teile zu begründen ist. So werden beispielsweise die Wendelbleche für kleinere Geräte endlos aus Bandstahl gewalzt, wogegen bei größeren Abmessungen die Wendeln aus Blechtafeln geschnitten werden. Die entstandenen Ronden werden anschließend in die gewünschte Form gebracht. Die Qualtität beruht hier auf der Erfahrung des Herstellers.

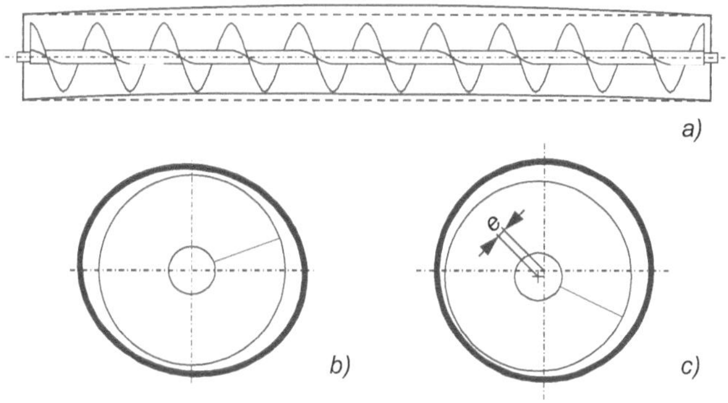

Bild 5.12: Mögliche geometrische Imperfektionen eines Schneckenförderers mit Bezug auf a) Geradheit, b) Rundheit und c) Exzentrizität

Als Tröge für Steil- und Senkrechtförderer dienen fast ausnahmslos Rohre. Auch hier spielen die Fertigungstoleranzen eine große Rolle. Die zulässigen Abweichungen von der geometrisch idealen Form sind den Normen [87] zu entnehmen. Hier ist mit deutlichen Unterschieden zur idealen Kreisform bzw. zur Geradheit eines idealen Bauteils zu rechnen, insbesondere bei großen Abmessungen (siehe Bild 5.12a und b). Gleiches gilt für die Schneckenwellen, da diese ebenfalls aus Rohren gefertigt werden.

Die Montage der einzelnen Sektionen bringt zusätzlich Ungenauigkeiten mit sich, wie die Exzentrizität von Welle und Rohr (siehe Bild 5.12c). Aber auch das Zusammenfügen von Wellen und Wendeln verursacht einen gewissen Verzug, da dies in der Regel durch Schweißen erfolgt. Es ist anzumerken, daß durch Richten und Wuchten die geometrischen Unzulänglichkeiten nur zum Teil auszugleichen sind, überlagern sich doch teilweise die Effekte oder sind von einer Korrektur, beispielsweise der Geradheit der Rohre, gar ausgeschlossen. Dadurch beeinflussen diese Eigenschaften auch das geförderte Schüttgut in einer Anlage, z. B. durch Einklemmen und Brechen von Fördergut im Spalt.

Ursache und Wirkung können sich bei dem zuletzt genannten Effekt auch umkehren. Aufgrund der Stoffeigenschaften, wie Korngrößenverteilung, Kornform, Härte und/oder Verunreinigung etc., kann im Spalt eingeklemmtes Material zu einer Verformung der Schneckenwelle oder des Rohres führen.

Insgesamt resultieren daraus Schwingungen des Förderers, die oft deutlich wahrnehmbar sind.

5.5.2 Auswirkungen auf die Berechnung

Von besonderem Interesse sind jedoch die Auswirkungen auf die Gutkonditionen und auf den Fördervorgang. Wie dem Bild 5.12 zu entnehmen ist, ändert sich die Kammerbreite stetig während eines Umlaufs der Welle, jedoch ungleichmäßig über der Förderlänge.

Diese Änderung hat primär auf die Querschnittsflächen der Schneckenkammer und des Schüttgutes in beliebigen Achsschnitten nur einen unwesentlichen Einfluß. Dennoch verdichtet und entspannt dieser Vorgang die Füllung der Schneckenkammer periodisch.

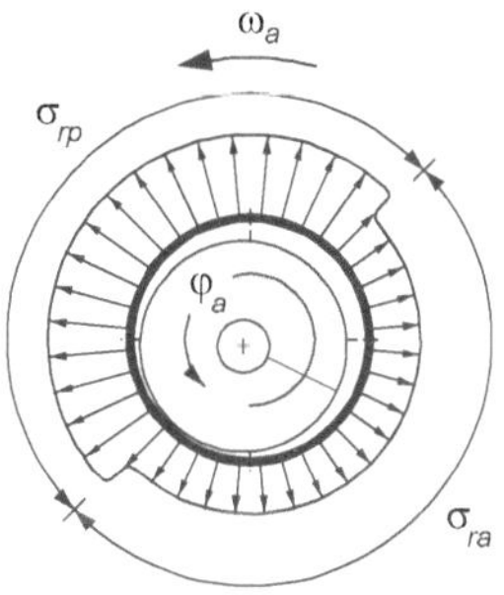

Bild 5.13: Vereinfachte Darstellung eines möglichen Spannungsverlaufes von σ_r mit Wechsel von passivem (σ_{rp}) zu aktivem (σ_{ra}) Spannungszustand bei variierender Kammerbreite

Wie Stroppel [84] zeigte, kann aber schon geringes Ausweichen einer Berandung den im Schüttgut herrschenden Spannungszustand beeinflussen. Dieser kann sich periodisch von aktiv plastisch zu passiv plastisch ändern (Bild 5.13).

Damit beeinflußt auch die Geometrie das Spannungsverhältnis $\lambda(r,\zeta)$ zwischen Axial- und Radialspannung, das als problematisch beschrieben wird und mit Unsicherheiten behaftet ist [35], da sich nach erfolgtem Gutbruch ein anderes als das zuvor herrschende Spannungsverhältnis einstellt. Aus den Stoffkennwerten, den experimentell zu ermittelnden Reibwinkeln φ_e und φ_w, können das für den Gutbruch maßgebende Hauptspannungsverhältnis λ_0 und das Normalspannungsverhältnis λ in der r,z-Ebene bzw. r,ζ-Ebene abgeschätzt werden. Unter Einbeziehung der Überlagerung von passiv plastischem und aktiv plastischem Zustand in der Schneckenkammer kann das Spannungsverhältnis λ als arithmetisches Mittel angegeben werden:

$$\lambda = \frac{1}{2} \cdot \left(\lambda_a + \lambda_p\right) \tag{5.40}$$

5.5.3 Anpassung des vorgestellten Basismodells

Zur Übertragung des Modells vertikal bewegter Schüttgüter auf den steilen und senkrechten Schneckenförderer sind jedoch noch Korrekturen vorzunehmen, welche im wesentlichen den Einfluß

- der Wendelgeometrie,
- der Achsneigung und
- der Gutbewegung

betreffen. Da die Schneckenwendel gegenüber der Horizontalen für den Fall der Vertikalförderung eine definierte Neigung $\alpha(r)$ aufweist, sind hier die Vertikalspannungen anzupassen. So reduziert sich folglich der Eigengewichtsanteil normal zur Wendeloberseite um einen Faktor (Bild 5.14). Anstelle der Erdbeschleunigung g tritt nun der Faktor $g \cdot \cos\alpha(r)$ [35].

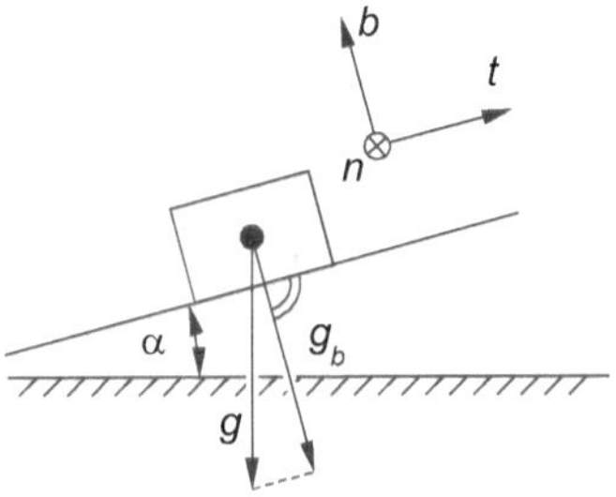

Bild 5.14: Komponente g_b der Erdbeschleunigung g in Binormalrichtung

Es ist nun zu prüfen, ob dieser Ansatz der Korrektur der Vertikalspannungen auch auf den steilen Förderer übertragbar ist, wobei hier an Stelle der Vertikalspannnungen σ_z die Axialspannungen σ_ζ zu betrachten sind. Zudem zeigt bei schräger Förderachse die Erdbeschleunigung nicht mehr stets in Achsrichtung. Anteile der Erdbeschleunigung weisen periodisch zur Schneckenachse hin bzw. von ihr weg; ein Vorgang, der sich mit zunehmender Neigung aus der Vertikalen verstärkt. In Bild 5.15 sind die Verläufe der Normal- und Binormalkomponente von g gemäß den Gleichungen (4.4b) und (4.4c) für die Geometrie der Versuchsschnecke aufgezeichnet.

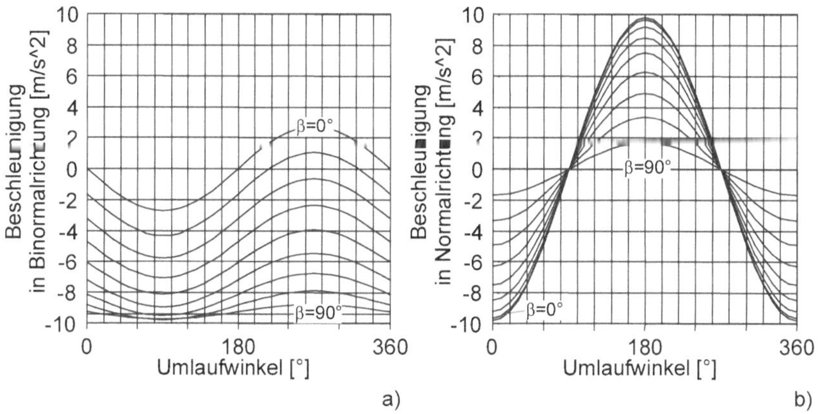

Bild 5.15: Verlauf der Komponenten g_b und g_n der Erdbeschleunigung g in Binormal- und Normalrichtung des umlaufenden t,n,b-Systems gemäß den Gleichungen (4.4b) und (4.4c) an der Rohrinnenwand der Versuchseinrichtung; Neigungswinkel von $0 \leq \beta \leq 90°$; Schrittweite jeweils 10°

Man erkennt, daß die Kurvenverläufe deutlich unterschiedliche Charakteristiken aufweisen:

- Die sich periodisch ändernde Binormalkomponente (wie auch die Tangentialkomponente) bewegt sich stets um einen für die jeweilige Neigung β charakteristischen Mittelwert. Letzterer nimmt bei der Horizontalschnecke den Minimalwert von g_b = 0 m/s^2 und für die Vertikalschnecke einen Maximalwert an.

- Der Mittelwert der Normalkomponente hingegen nimmt grundsätzlich einen festen Wert für Neigungswinkel von β = 0° bis β = 90° an, nämlich g_n = 0 m/s^2.

- Für steile Winkel β sind die Werte der Binormalkomponente entlang dem Umfang tendenziell größer (Betrachtung der Maxima bzw. der Minima) als die der Normalkomponente, was sich bei geringeren Neigungswinkeln umkehrt.

Bei gleicher Vorgehensweise, wie etwa bei dem Spannungsverhältnis λ, Mittelung entlang dem Umfang, resultiert daraus, daß für den Fall des steilen Schneckenförderers ein Einfluß des Neigungswinkels β lediglich für die Binormalkomponente zu erkennen ist. Dagegen verschwindet der Einfluß des Neigungswinkels β auf die Normalkomponente.

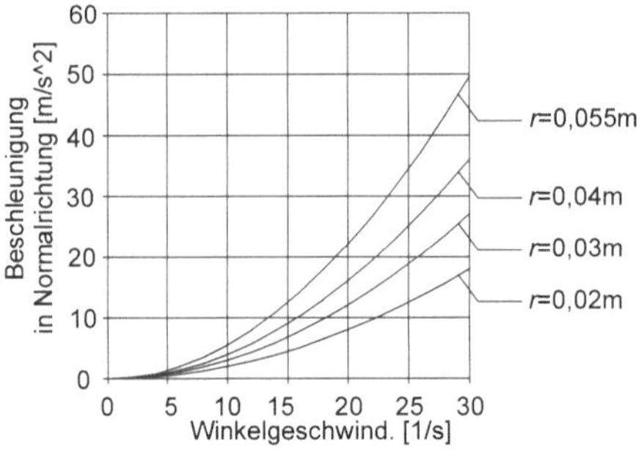

Bild 5.16: Verlauf der Beschleunigung in Normalrichtung aufgrund der Gutbewegung in Abhängigkeit der Gutwinkelgeschwindigkeit und dem Wirkradius; r = 0,055 m entspricht dem Rohrinnenradius der Versuchseinrichtung

In Bild 5.16 ist der Anstieg der radialen Beschleunigung in Abhängigkeit der Gutwinkelgeschwindigkeit für unterschiedliche Radien abgebildet. Der Vergleich mit Bild 5.15 zeigt, daß die radiale Beschleunigung infolge der Gutbewegung betragsmäßig deutlich über der Normalkomponente der Erdbeschleunigung liegen kann.

Unter Berücksichtigung der charakteristischen Gutbewegung liegt daher der Schluß nahe, für die steile Förderung lediglich die Eigengewichtskomponente normal zur Wendeloberseite zu korrigieren und eine gemittelte Ersatzkomponente zu verwenden. Aus der Mittelung der Binormalkomponente g_b entlang dem Umfang resultiert demnach ein Faktor $\overline{g}_b$:

$$\overline{g}_b = g \cdot \cos\alpha(r) \cdot \sin\beta \tag{5.41}$$

Diese Vorgehensweise erscheint auch hinsichtlich der Auswirkungen der konstruktiven Ungenauigkeiten auf den Fördervorgang sinnvoll. Der von aktiv plastisch zu passiv plastisch reichende, mögliche Spannungszustand kann nur als statistische Größe betrachtet werden. Die Zuordnung eines definierten Spannungszustandes zu einem bestimmten Ort oder zu einem bestimmten Zeitpunkt ist nicht möglich. Der Einfluß der Normalkomponente der Erdbeschleunigung auf die Spannungen in radialer Richtung kann reduziert oder gar aufgehoben werden.

Zu klären ist noch, ob dem Fördervorgang eine dreidimensionale oder eine zweidimensionale Betrachtung zugrunde zu legen ist. Streng genommen herrscht im Fördergut ein dreiachsiger Beanspruchungszustand, schließlich weist ein Anteil der Wandschubspannung in Umfangsrichtung. Hiermit wären nun auch noch die Spannungsverhältnisse von Radial- bzw. Axialspannung mit der Azimutalspannung zu berücksichtigen. Da sich aber im stationären Förderfall eine einheitliche Gutverteilung in jedem Achsschnitt einstellt, spielt die Azimutalkomponente hinsichtlich der Gutbewegung beim ungestörten Fördervorgang keine Rolle. Das Gut bricht nicht in azimutaler Richtung. Daher wird der Spannungszustand zur Vereinfachung auf den zweiachsigen Fall reduziert.

Es bleibt noch der Einfluß der Gutbewegung auf das Basis-Spannungsmodell aus Kapitel 5.3. Die Schubspannungen an der äußeren Berandung der Schneckenkammer sind der Absolutbewegung entgegengesetzt gerichtet, was in Bild 5.17 durch einen Pfeil symbolisiert wird.

Der Winkel zwischen einer achsorthogonalen Ebene und dem Vektor der Absolutgeschwindigkeit v_a (siehe Bild 4.4) ist der bereits eingeführte Förderwinkel, welcher nach Gleichung (4.11) berechnet wird. Für die Berechnung ist jedoch nur die axiale Komponente von Interesse. Der Azimutalanteil wird in der Berechnung nicht berücksichtigt, da dieser nicht zum Spannungsaufbau in axialer Richtung beiträgt.

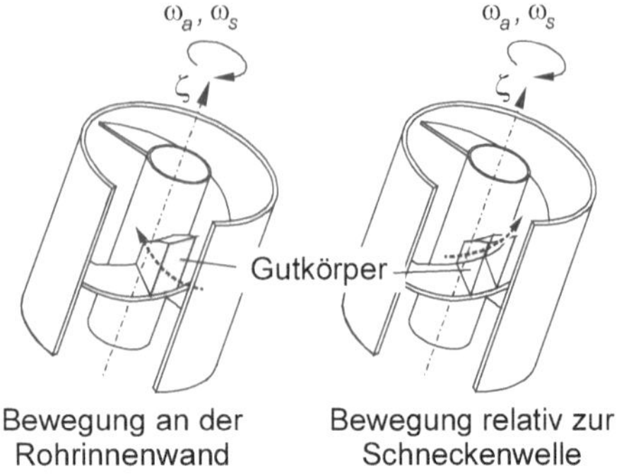

Bild 5.17: Darstellung der Bewegung (Pfeil) von Schüttgut in der Schnecke gegenüber dem Förderrohr (links) und gegenüber der Schneckenwelle (rechts)

Ausgehend von Gleichung (5.18) ist zunächst die Axialspannung σ_ζ anzupassen:

$$\sigma_\zeta(r,\zeta) = \begin{cases} \rho_s \cdot g \cdot \sin\beta \cdot (k(r) - \zeta), & \text{für Zone I mit } r_i \le r < r_x(\zeta) \\ \rho_s \cdot g \cdot \sin\beta \cdot (k(r) - \zeta) + \mathrm{Z} \cdot r + \theta, & \text{für Zone II mit } r_x(z) \le r \le r_a \end{cases} \tag{5.42}$$

Damit erweitert sich Gleichung (5.30) zu

$$\tau_a = \lambda_a \cdot \mu_a \cdot \sin\psi_a \cdot \left[\rho_s \cdot g \cdot \cos\alpha(r_a) \cdot \sin\beta \cdot (k(r_a) - \zeta) + \mathrm{Z} \cdot (r_a - r_x)\right]. \tag{5.43}$$

Auf der Schneckenwendel gleitet das Schüttgut mit der Relativgeschwindigkeit v_r nach Gleichung (4.13) stets unter dem Winkel $\alpha(r)$. An der Schneckenwelle gilt daher für den Förderwinkel ψ_i:

$$\psi_i = \alpha(r_i) \tag{5.44}$$

Für die Axialkomponente der Schubspannung ergibt sich hiermit

$$\tau_i = \lambda_i \cdot \mu_i \cdot \sin\psi_i \cdot \sigma_{zi} = \lambda_i \cdot \mu_i \cdot \sin\psi_i \cdot \rho_s \cdot g \cdot \cos\alpha(r_i) \cdot \sin\beta \cdot \left(k(r_i) - \zeta\right) \ . \tag{5.45}$$

Ersetzt man die Gleichungen (5.27) und (5.28) durch die Gleichungen (5.45) und (5.43) mit dem Korrekturfaktor $\overline{g}_b$ nimmt Gleichung (5.33) die Form

$$\begin{aligned} \frac{d\sigma_x}{dz} = \frac{2 \cdot \sin\beta}{Z \cdot \left(r_a^2 - r_x^2\right)} \cdot \{ & \lambda_i \cdot \mu_i \cdot \sin\psi_i \cdot \rho_s \cdot g \cdot \cos\alpha(r_i) \cdot \left(k(r_i) - \zeta\right) \cdot r_i + \\ & \lambda_a \cdot \mu_a \cdot \sin\psi_a \cdot \left[\rho_s \cdot g \cdot \cos\alpha(r_a) \cdot \left(k(r_a) - \zeta\right) + Z \cdot \left(r_a - r_x\right)\right] \cdot r_a \} \end{aligned} \tag{5.46}$$

an.

Parallel zum Spannungsmodell ist auch bei der Bestimmung der Gutkontur die Erdbeschleunigung g unter Berrücksichtigung der Wendelsteigung $\alpha(r)$ und des Neigungswinkels β zu korrigieren. Gleichung (5.38) erhält daher die Form

$$k'(r) = \frac{r \cdot \omega_a^2(r)}{g \cdot \cos\alpha(r) \cdot \sin\beta \cdot \lambda\left(r, \zeta = k(r)\right)} \ . \tag{5.47}$$

Die Integration der Gleichung (5.47) führt zur Stammfunktion der Oberflächenkontur $k(r)$:

$$k(r) = \int_0^r k'(t)dt + C = \int_0^r \frac{t \cdot \omega_a^2(t)}{g \cdot \cos\alpha(t) \cdot \sin\beta \cdot \lambda\left(t, \zeta = k(r)\right)} dt + C \tag{5.48}$$

Die Integrationskonstante C legt, wie in Kapitel 5.5, die Höhenlage der Schüttgutkontur in der Schneckenkammer fest.

Für β = 90° ergibt sich mit $\sin\beta$ = 1 wieder der Sonderfall der Vertikalförderung.

5.6 Die Berechnung des Fördervorgangs im geneigten Schneckenförderer

Der Inhalt des folgenden Kapitels befaßt sich nun mit der Berechnung des Fördervorgangs in einem steilen Schneckenförderer und mit der Bestimmung der maßgebenden Parameter auf Basis der bereits getroffenen Annahmen. In Abhängigkeit der Betriebs-, Konstruktions- und Stoffparameter erfolgt die Bestimmung der Gutbewegung und - mit ihr wechselwirkend verknüpft - die Verteilung des Gutes in der Schneckenkammer sowie des Massenstroms I_m bzw. des Volumenstroms I_V. Weiterhin erfolgt eine Abschätzung des nötigen Leistungsbedarfes P_{ges}, der einer gesonderten Betrachtung zu unterwerfen ist, da er Leistungsanteile enthält, die auf anderen Mechanismen beruhen als die Gutbewegung.

5.6.1 Grundlagen des Berechnungsverfahrens

Die vereinfachte Betrachtung der Schüttgutfüllung in der Schneckenkammer als einen Einzelkörper bzw. als einen kompakten Gutblock [41] wird hier nicht erwogen. Wie schon in den bekannten Verfahren [35; 55; 58] kommt statt dessen ein Modell zum Einsatz, das die Gutfüllung in eine Anzahl von Sektorelementen unterteilt (Bild 5.18).

Diese Vorgehensweise benötigt einen deutlich höheren Rechenaufwand als die Einzelkörperberechnung, da die Vorgänge an den Grenzflächen der Sektorelemente in die Berechnung eingehen. Dafür bietet sie jedoch die Möglichkeit einer genaueren Berechnung der gesuchten Parameter:

- Es gehen die Gleichgewichtsbetrachtungen in der Schüttgutfüllung, genauer an den Grenzflächen der Sektorelemente, in die Berechnung der Gutbewegung mit ein.

- Der verteilte Abbau von axialen Wandschubspannungen im Schüttgutinneren wird berücksichtigt.

- Die Förderergeometrie, speziell die lokale Wendelgeometrie in Gestalt der Wendelsteigung $\alpha(r)$ kann stärker in die Gleichgewichtsbetrachtungen eingearbeitet werden.

- Es erlaubt eine Berücksichtigung von Verschiebungen/relativen Gleitbewegungen entlang der Grenzflächen zwischen den Sektorelementen.

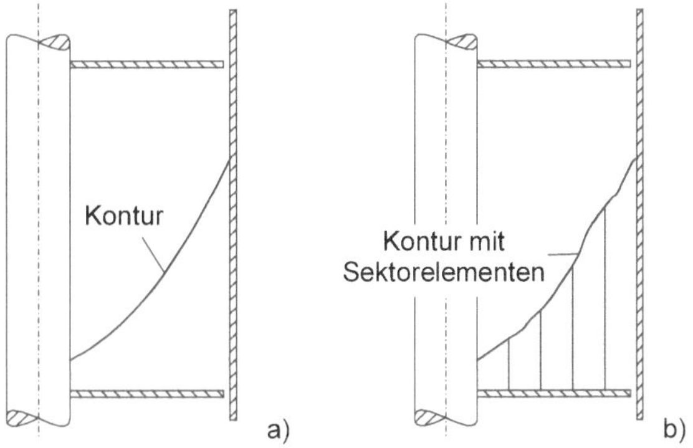

Bild 5.18: a) Betrachtung der Gutfüllung als kompakten Block analog zur Einzelkörpertheorie und b) bestehend aus Sektorelementen

Um jedoch den Rechenaufwand zu begrenzen, sind einige Vereinfachungen vorgesehen:

- Nicht berücksichtigt wird der Einfluß des Schneckenspaltes hinsichtlich der Rieselverluste für die Berechnung der Gutbewegung und für den Massenstrom I_m.

- Es wird keine einheitliche Sektorelementbreite vorausgesetzt. Vorgegeben wird lediglich eine frei wählbare, endliche Anzahl M von Sektorelementen, in welche die Gutfüllung eingeteilt wird. Hierbei wird das äußerste Element, das an die Rohrinnenwand grenzt, dem axialen Schubspannungsabbau angepaßt, wie in Bild 5.19 dargestellt.

- Gleitvorgänge können lediglich in den Trennfugen auftreten.

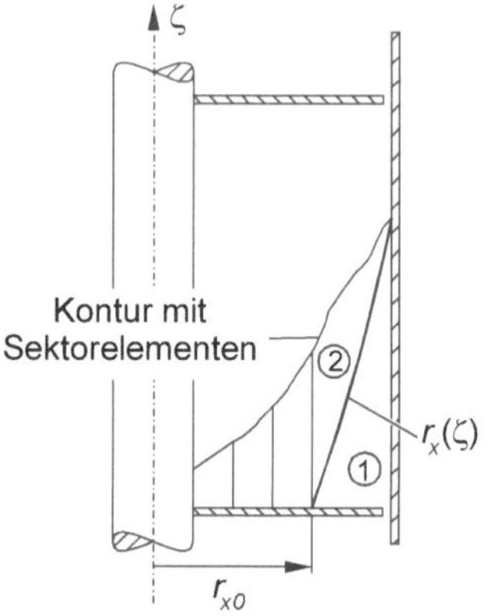

Bild 5.19: Schüttgutfüllung, aufgeteilt in eine endliche Anzahl von Sektorelementen, bei vollständigem Abbau der axialen Wandschubspannungen im äußersten Element; ① Zone behaftet mit Wandschubspannungen, ② wandschubspannungsfreie Zone

Die abweichende radiale Ausdehnung des äußersten Sektorelementes wird damit begründet, daß die axialen Wandschubspannungen nur im ungescherten Gut abgebaut werden können.

5.6.2 Nomenklatur der Sektorelemente

Die Sektorelemente werden von innen nach außen laufend durchnummeriert. Das innerste Element besitzt so die laufende Nummer $n = 1$ und das äußerste $n = \mathrm{M}$. Die inneren Schnittufer besitzen als Index jeweils die laufende Nummer n des Sektorelements, die jeweils äußeren $n + 1$. Gemäß dieser Nomenklatur können sämtliche Größen gekennzeichnet werden.

Für die Sektorelemente mit den laufenden Nummern $n < \mathrm{M}$ gilt eine einheitliche Breite von $\Delta r = r_{n+1} - r_n$. Davon abweichend ergibt sich für das äußerste Element $\Delta r = r_a - r_{x0}$.

Der Radius r_a bezeichnet den Rohrinnenradius und der Radius r_{x0} kennzeichnet den Ort, an dem die vertikalen Wandschubspannungen vollständig abgebaut sind (siehe Bild 5.19).

In Bild 5.20 sind ein beliebiges Sektorelement für $n < \mathrm{M}$ und das äußerste für $n = \mathrm{M}$ abgebildet.

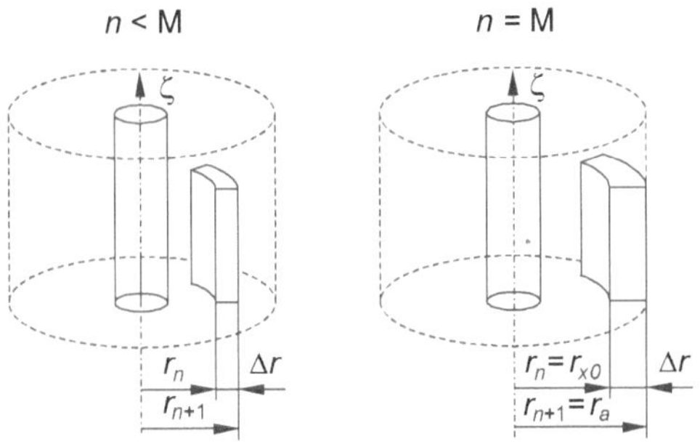

Bild 5.20: Darstellung zweier Sektorelemente mit der im Text eingeführten Benennung der Radien; links ein beliebiges Element, rechts das Element, das an die Rohrinnenwand grenzt

5.6.3 Gutbeladung und Füllungskonfiguration

Im Rahmen der Herleitung der Theorie wurde bereits die Grundgleichung der Gutkontur dargelegt. Ein Ziel der Berechnung ist die Bestimmung eines konkreten Massenstroms I_m und damit der Gutbeladung des Schneckenförderers, die eine charakteristische Gutkontur ausbildet.

Die Gutbeladung wird durch den Füllungsgrad φ charakterisiert, dem Verhältnis von Schüttgutvolumen zu Kammervolumen und damit dem tatsächlichen zu theoretisch möglichen Volumen.

$$\varphi = \frac{V_{tatsächlich}}{V_{theoretisch}} \tag{5.49}$$

Das theoretische Volumen des Schneckenförderers legen die Konstruktionsparameter Ganghöhe H, Wendeldicke s, Wellenaußenradius r_i und Rohrinnenradius r_a fest, wodurch sich je Gang ein Kammervolumen von

$$V_{theoretisch} = \int_0^{2\pi} \int_{r_i}^{r_a} (H - s) \cdot r \, dr \, d\varphi \tag{5.50}$$

gegenüber dem tatsächlichen, von Schüttgut eingenommenen Volumen $V_{tatsächlich}$ ergibt.

Die in einem Gang enthaltene Menge an Schüttgut, verteilt sich unter dem Einfluß der Parameter Spannungsverhältnis λ und Gutwinkelgeschwindigkeit ω_a, und man kann letztlich vier verschiedene Füllungskonfigurationen unterscheiden, die die Lage der Oberflächenkontur $k(r)$ in der Schneckenkammer bezeichnen (Bild 5.21). Betrachtet werden die Durchstoßpunkte der Oberflächenkontur $k(r)$ durch die Schneckenkammerberandung.

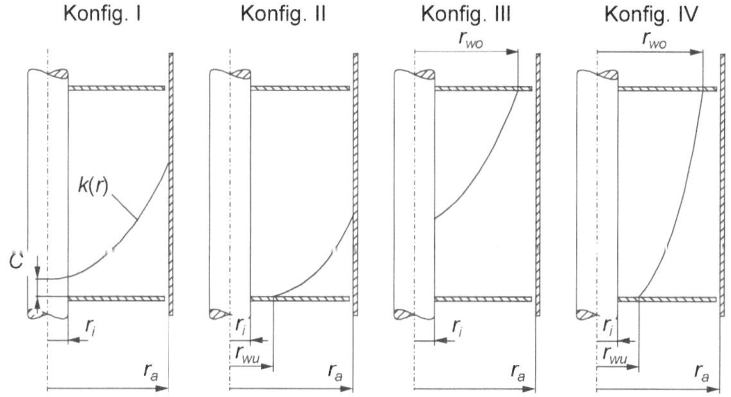

Bild 5.21: Darstellung der vier möglichen Füllungskonfigurationen I bis IV

Mit Gleichung (5.48) und der Guldinschen Regel zur Volumenberechung von Rotationskörpern ergibt sich allgemein für $V_{tatsächlich}$:

$$V_{tatsächlich} = \int_0^{2\pi} \int_{r_i}^{r_a} r \left[\int_0^r \frac{t \cdot \omega_a^2(t)}{g \cdot \cos\alpha(t) \cdot \sin\beta \cdot \lambda(t, \zeta = k(r))} dt + C \right] dr\, d\varphi \qquad (5.51)$$

Einsetzen der Gleichungen (5.50) und (5.51) in Gleichung (5.49) führt zu

$$\varphi = \frac{2}{(H-s)\cdot(r_a^2 - r_i^2)} \cdot \int_{r_i}^{r_a} r \int_0^r \left[\frac{t \cdot \omega_a^2(t)}{g \cdot \cos\alpha(t) \cdot \sin\beta \cdot \lambda(t, \zeta = k(r))} dt + C \right] dr\,. \qquad (5.52)$$

Durch Auflösen nach der Integrationskonstante C kann die Oberflächenkontur $k(r)$ in Gleichung (5.48) in Abhängigkeit des Füllungsgrades φ beschrieben werden. Eine geschlossene Lösung ist jedoch nur für die Füllungskonfiguration I möglich. Bestimmungsgleichungen für die Durchstoßradien der Gutkontur an Wendeloberseite bzw. Wendelunterseite, r_{wo} und r_{wu}, existieren nicht, wodurch eine Lösung für die Konfigurationen II bis IV nur iterativ erzielt werden kann. Unter Vorgabe von λ und ω_a

ist die Höhenlage der Gutkontur so lange zu verändern, bis das gewünschte Volumenverhältnis φ erreicht ist. Hieraus ergeben sich dann auch die Werte für r_{wo} und r_{wu}.

Die Schüttgutvolumina lassen sich in Abhängigkeit vom Füllungstyp einfach darstellen. Die Bestimmungsgleichungen für den jeweiligen Konturverlauf ergeben sich hieraus und lauten wie folgt:

$$K_t = \frac{t \cdot \omega_a^2(t)}{g \cdot \cos\alpha(t) \cdot \sin\beta \cdot \lambda(t,\zeta)} \tag{5.53}$$

$$k_I(r) = \int_0^r K_t dt + \varphi \cdot (H - s) - \frac{2}{(r_a^2 - r_i^2)} \cdot \int_{r_i}^{r_a} r \int_0^r K_t \, dt \, dr \tag{5.54}$$

$$k_{II}(r) = \int_0^r K_t dt + \varphi \cdot (H - s) \cdot \frac{(r_a^2 - r_i^2)}{(r_a^2 - r_{wu}^2)} - \frac{2}{(r_a^2 - r_{wu}^2)} \cdot \int_{r_{wu}}^{r_a} r \int_0^r K_t \, dt \, dr \tag{5.55}$$

$$k_{III}(r) = \int_0^r K_t dt + \frac{(H - s)}{(r_{wo}^2 - r_i^2)} \cdot \left[\varphi \cdot (r_a^2 - r_i^2) - (r_a^2 - r_{wo}^2)\right] - \frac{2}{(r_{wo}^2 - r_i^2)} \cdot \int_{r_i}^{r_{wo}} r \int_0^r K_t \, dt \, dr \tag{5.56}$$

$$k_{IV}(r) = \int_0^r K_t dt + \frac{(H - s)}{(r_{wo}^2 - r_{wu}^2)} \cdot \left[\varphi \cdot (r_a^2 - r_i^2) - (r_a^2 - r_{wo}^2)\right] - \frac{2}{(r_{wo}^2 - r_{wu}^2)} \cdot \int_{r_{wu}}^{r_{wo}} r \int_0^r K_t \, dt \, dr \tag{5.57}$$

Bei dem Konfigurationstyp IV berührt die Oberflächenkontur die Kammerberandung an der Wendelober- wie auch an der Wendelunterseite, siehe Bild 5.21. Es muß daher als Randbedingung stets Gleichung (5.58) erfüllt sein:

$$H = \left(\int_0^{r_{wo}} K_t dt - \int_0^{r_{wu}} K_t dt \right) + s \tag{5.58}$$

5.6.4 Berechung der Kräfte am Sektorelement

Die Berechnung der am Sektorelement angreifenden Kräfte beruht auf der Integration der Gewichtskraft G und der an den Berandungen wirkenden Spannungen σ_j über den zugeordneten Flächen A_j. Die Sektorelemente besitzen hierbei grundsätzlich eine Ausdehnung von $\Delta\varphi = 2\pi$ entlang dem Umfang.

Die Gewichtskraft für ein Sektorelement integriert man über dessen Breite Δr und mittlere Höhe $k(r_m)$ am Schwerpunktradius r_m:

$$G = \int_0^{2\pi} \int_{r_m}^{r_{m+1}} \int_0^{k(r_m)} \rho_s \cdot g \cdot r \cdot d\zeta \, dr \, d\varphi \tag{5.59}$$

Analog zu Gleichung (5.41) ergeben sich für die Binormalkomponente G_b bzw. für die Tangentialkomponente G_t

$$G_b = G \cdot \cos\alpha(r_m) \cdot \sin\beta \quad \text{und} \quad G_t = G \cdot \sin\alpha(r_m) \cdot \sin\beta \,. \tag{5.60 und 5.61}$$

An den radialen Begrenzungsflächen der Sektorelemente wirken Normal- und Reibkräfte. Die Kräfte an der jeweils äußeren Berandung eines Elementes i sollen dabei gemäß den Gleichgewichtsbedingungen betragsmäßig gleich groß sein wie die Kräfte an der inneren Berandung des Elementes i + 1, jedoch mit entgegengesetzter Wirkrichtung. Die Spannungen σ_j errechnen sich dabei mit den Vorgaben des Spannungsmodells aus Kapitel 4.2 bzw. 5.5 Die Kräfte N_r folgen aus der Integration über den zugeordneten Flächen:

$$N_r = \int_{A_j} \sigma_r \, dA_r = \int_0^{2\pi} \int_0^{k(r_j)} \lambda \cdot \sigma_{\zeta,b} \cdot r \cdot d\zeta \, d\varphi \tag{5.62}$$

Hierbei ist zu trennen zwischen wandschubspannungsfreier und -behafteter Zone. Innerhalb der wandschubspannungsfreien Zone gilt über der gesamten Konturhöhe das gleiche Spannungsverhältnis $\lambda(r)$ wie an der freien Gutoberfläche. An der Rohrinnenwand gilt dagegen das Spannungsverhältnis aus Gleichung (4.46).

Nach Greinwald [58] ist bei der Berechnung der Radialspannung zwischen den Füllungskonfigurationen zu unterscheiden. Wie aus Bild 5.21 zu erkennen ist, unterscheiden sich die Typen I/III von II/IV dadurch, daß in ersterem Fall die Schüttgutfüllung die Schneckenwelle berührt. Hierdurch kann sich das Gut an der Schneckenwelle abstützen und so die wirkende Normalkraft um eine Komponente aus der Wandreibung erhöhen. Für die Typen II und IV trifft dies nicht zu.

Die Radialspannung an der Rohrinnenwand definiert sich deshalb in Anlehnung an Gleichung (5.18) wie folgt:

$$\sigma_r(r_a) = \begin{cases} \lambda_a \cdot \cos\alpha \cdot \sin\beta \cdot \rho_s \cdot g \cdot (k(r_a) - \zeta), & \text{für Konfig. II und IV} \\ \lambda_a \cdot \cos\alpha \cdot \sin\beta \cdot (\rho_s \cdot g \cdot (k(r_a) - \zeta) + \mathrm{Z} \cdot r + \theta), & \text{für Konfig. I und III} \end{cases} \tag{5.63}$$

Dementsprechend ergeben sich die Bestimmungsgleichungen von r_x für die Konfigurationen I und III zu

$$\begin{aligned} \frac{dr_x}{d\zeta} = \frac{2 \cdot \cos\alpha \cdot \sin\beta}{\mathrm{Z} \cdot (r_a^2 - r_x^2)} \cdot \{ & \lambda_i \cdot \sin\psi_i \cdot \mu_i \cdot \rho_s \cdot g(k(r_i) - \zeta) \cdot r_i + \\ & \lambda_a \cdot \sin\psi_a \cdot \mu_a \cdot [\rho_s \cdot g(k(r_a) - \zeta) + \mathrm{Z} \cdot (r_a - r_x)] \cdot r_a \} \end{aligned} \tag{5.64a}$$

und Konfigurationen II und IV zu

$$\begin{aligned} \frac{dr_x}{d\zeta} = \frac{2 \cdot \cos\alpha \cdot \sin\beta}{\mathrm{Z} \cdot (r_a^2 - r_x^2)} \cdot \{ & \lambda_i \cdot \sin\psi_i \cdot \mu_i \cdot \rho_s \cdot g(k(r_i) - \zeta) \cdot r_i + \\ & \lambda_a \cdot \sin\psi_a \cdot \mu_a \cdot \rho_s \cdot g \cdot (k(r_a) - \zeta) \cdot r_a \} \quad . \end{aligned} \tag{5.64b}$$

Nach Gleichung (5.62) ergibt sich im Bereich $r_i \le r \le r_{x0}$ für die Normalkraft:

$$N_r = 2 \cdot \pi \cdot \int_0^{k(r_j)} \lambda \cdot \cos\alpha(r_{m,n}) \cdot \sin\beta \cdot \rho_s \cdot g \cdot \left(k(r) - \zeta\right) \cdot r \, d\zeta \qquad (5.65)$$

Dagegen gilt im Bereich $r_{x0} \leq r \leq r_a$ für die Konfigurationen I und III

$$N_r = 2 \cdot \pi \cdot \int_0^{k(r_a)} \lambda_a \cdot \cos\alpha(r_{m,n}) \cdot \sin\beta \cdot \left[\rho_s \cdot g \cdot \left(k(r_a) - \zeta\right) + Z \cdot \left(r - r_x(\zeta)\right)\right] \cdot r \, d\zeta \qquad (5.66a)$$

und für die Konfigurationen II und IV

$$N_r = 2 \cdot \pi \cdot \int_0^{k(r_a)} \lambda_a \cdot \cos\alpha(r_{m,n}) \cdot \sin\beta \cdot \rho_s \cdot g \cdot \left(k(r_a) - \zeta\right) \cdot r \, d\zeta \ . \qquad (5.66b)$$

Aus den radialen Normalkräften errechnen sich die Reibkräfte in den Trennfugen und der Rohrinnenwand bzw. an der Schneckenwelle mit den zugeordneten Coulombschen Reibwerten. Treten zusätzlich noch Abschervorgänge im Inneren der Gutfüllung (in azimutaler Richtung) auf, benötigt man noch zusätzlich die Geschwindigkeitsdifferenzen zwischen den jeweiligen Elementen.

Insgesamt gilt mit Gleichung (4.28):

$$R_j = R_{jC} + R_{jSt} = \int_{A_r} \tau \, dA_r = \int_{A_r} \left(\tau_C + \tau_{St}\right) dA_r \qquad (5.67)$$

Der Coulombanteil wird bestimmt durch

$$R_{jC} = \int_{A_r} \tau_C \, dA_r = \mu_G \cdot N_j \quad \text{für } r = r_a \qquad (5.68)$$

und

$$R_{jC} = \int_{A_r} \tau_C \, dA_r \leq \mu_j \cdot N_j \quad \text{für } r < r_a \ . \qquad (5.69)$$

Da der Anteil aus Partikelstößen gering ist, wird dieser innerhalb der Kräfteberechnung vernachlässigt.

Ausgehend von der Änderung der Schergeschwindigkeit κ zwischen zwei gegeneinander bewegten Zylindern gilt nach Gleichung (4.34):

$$\kappa = \frac{r}{\cos\alpha(r)} \cdot \frac{d\omega_r}{dr} \tag{5.70}$$

Unter Berücksichtigung von Sektorelementen endlicher Ausdehnung kann κ wie folgt beschrieben werden:

$$\kappa = \frac{r_{n+1}}{\cos\alpha(r_{n+1})} \cdot \frac{\omega_r(r_{m,n+1}) - \omega_r(r_{m,n})}{dr} \tag{5.71}$$

Zusätzlich zu den bislang genannten Kräften sind noch die Normal- und Reibkräfte zwischen Gut und Schneckenwendel zu berücksichtigen. Diese resultieren jedoch aus den Gleichgewichtsbetrachtungen und können nur iterativ ermittelt werden.

5.6.5 Reduktion der Kräfte

Die o. g. Kräfte greifen, wie schon erwähnt, an einem endlich ausgedehnten Sektorelement an, wobei unterschiedliche Wirkradien zu berücksichtigen sind. Dies sind an einem Sektorelement n die Radien r_n, r_{n+1}, r_m und ggf. r_s. Die beiden erstgenannten Radien beschreiben die radiale Ausdehnung des Sektorelementes. Der Radius r_m ist der Schwerpunktradius:

$$r_m = \lim_{\Phi\to 0} \frac{\int_0^{\Phi}\int_{r_n}^{r_{n+1}}\int_0^{k(r)} (r\cdot\cos\varphi)\cdot r\, d\zeta\, dr\, d\varphi}{\int_0^{\Phi}\int_{r_n}^{r_{n+1}}\int_0^{k(r)} r\, d\zeta\, dr\, d\varphi} = \frac{\int_{r_n}^{r_{n+1}}\int_0^{k(r)} r^2\, d\zeta\, dr}{\int_{r_n}^{r_{n+1}}\int_0^{k(r)} r\, d\zeta\, dr} \tag{5.72}$$

r_S bezeichnet den Schwerpunktradius unter Berücksichtigung der radial verteilten Wandschubspannung am n-ten Sektorelement:

$$r_S = \frac{\int_{r_i}^{r_a} \sigma_\zeta(r,\zeta)\cdot r^2\, dr}{\int_{r_i}^{r_a} \sigma_\zeta(r,\zeta)\cdot r\, dr} \tag{5.73}$$

Zur Herleitung der Bewegungsgleichung im t,n,b-System sind die Kräfte in einem ersten Schritt auf einen einheitlichen Bezugsradius zu reduzieren, wobei sich hier der Schwerpunktradius r_m eines Sektorelementes anbietet.

Hierzu betrachtet man das Momentengleichgewicht um die ζ-Achse, wofür die achsorthogonalen Komponenten der Kräfte zu ermitteln sind. Die achsparallelen (ζ-Achse) Komponenten spielen keine Rolle, da sie nicht zum Momentengleichgewicht um die ζ-Achse beitragen.

Die Aufteilung der Normalkräfte N senkrecht zur Schneckenwendel ergibt

$$N_{j,ap} = \overline{N}_{j,ap} = N_j \cdot \cos\alpha_j \tag{5.74}$$

und

$$N_{j,ao} = N_j \cdot \sin\alpha_j\,. \tag{5.75}$$

Analog gilt für die Reibkräfte R parallel zur Schneckenwendel

$$R_{j,ap} = \overline{R}_{j,ap} = R_j \cdot \sin\alpha_j \tag{5.76}$$

bzw.

$$R_{j,ao} = R_j \cdot \cos\alpha_j \ . \tag{5.77}$$

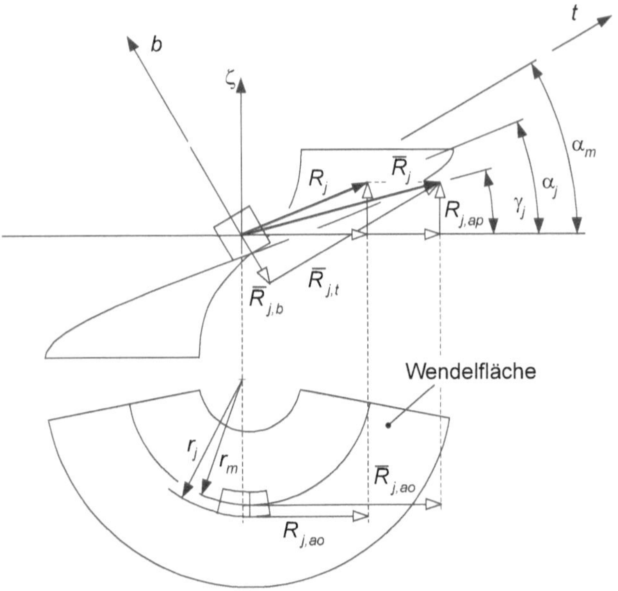

Bild 5.22: Reduktion der Kraft R_j von r_j auf r_m an einem Element; es gilt: $r_j > r_m$

Die Momentengleichgewichte um die ζ-Achse erlauben die Bestimmung der reduzierten achsorthogonalen Kräfte:

$$N_{j,ao} \cdot r_j = \overline{N}_{j,ao} \cdot r_m \qquad \text{bzw.} \qquad \overline{N}_{j,ao} = \frac{r_j}{r_m} \cdot N_{j,ao} \tag{5.78}$$

$$R_{j,ao} \cdot r_j = \overline{R}_{j,ao} \cdot r_m \qquad \text{bzw.} \qquad \overline{R}_{j,ao} = \frac{r_j}{r_m} \cdot R_{j,ao} \tag{5.79}$$

Damit können nun die neuen Wirkrichtungen γ_j gebildet werden:

$$\gamma_j = \arctan\frac{\overline{R}_{j,ap}}{\overline{R}_{j,ao}} \qquad \text{bzw.} \qquad \gamma_j = \arctan\frac{\overline{N}_{j,ap}}{\overline{N}_{j,ao}} \tag{5.80a,b}$$

Die reduzierten Normal- und Reibkräfte ergeben sich mit den obigen Gleichungen zu:

$$\overline{N}_j = \sqrt{\overline{N}_{j,ao}^2 + \overline{N}_{j,ap}^2} \tag{5.81}$$

$$\overline{R}_j = \sqrt{\overline{R}_{j,ao}^2 + \overline{R}_{j,ap}^2} \tag{5.82}$$

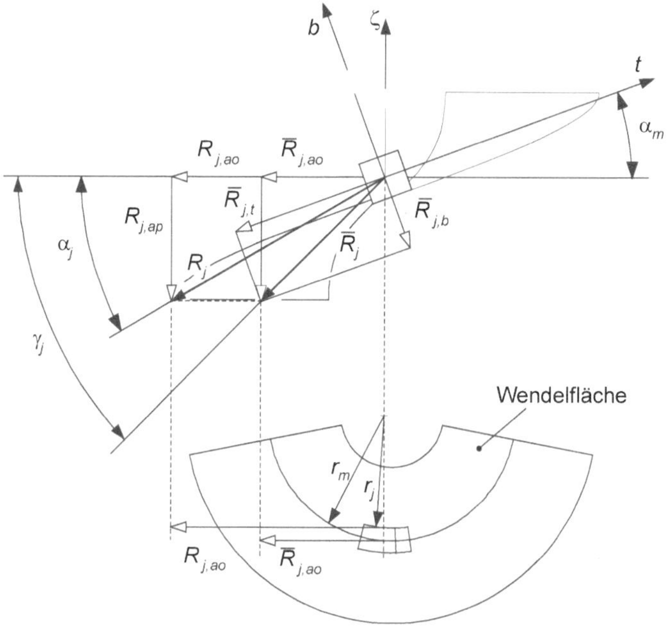

Bild 5.23: Reduktion der Kraft R_j von r_j auf r_m an einem Element; es gilt: $r_m > r_j$

Für den Fall einer Differenz von r_m und r_S stehen reduzierte Normalkraft und reduzierte Reibkraft auf der Schneckenwendel nicht mehr senkrecht zueinander. Für $j = S$ gilt

$$\overline{R}_j = \mu_w \cdot L_R \cdot \overline{N}_j \ . \tag{5.83}$$

Der Faktor L_R stellt einen geometrischen Reduktionsfaktor dar, der sich aus der Kräftereduktion ergibt:

$$L_R = \sqrt{\frac{(r_j / r_m)^2 \cdot \cos^2 \alpha_j + \sin^2 \alpha_j}{(r_j / r_m)^2 \cdot \sin^2 \alpha_j + \cos^2 \alpha_j}} \tag{5.84}$$

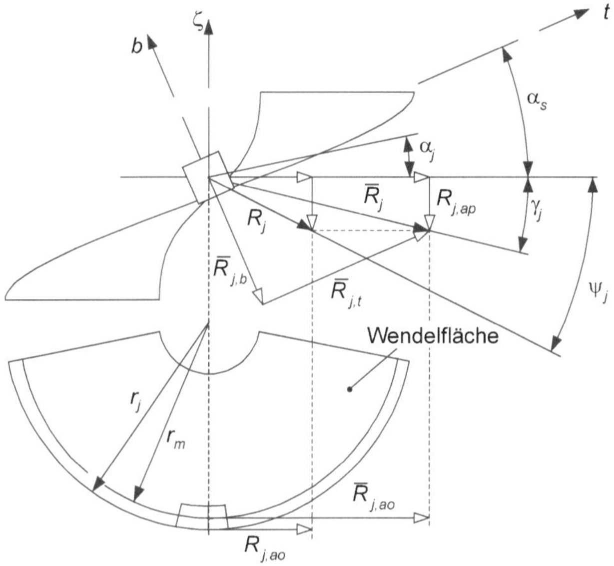

Bild 5.24: Reduktion der Kraft R_j von r_j auf r_m am äußersten Element; es gilt: $r_m < r_j$; Wirkrichtung der Kraft R_j entspricht dem Förderwinkel ψ

Die reduzierten Kräfte lassen sich nun anhand der Bilder (5.22) bis (5.24) auf einfache Weise in das t,n,b-System überführen. In der nachfolgenden Tabelle 5.1 sind die nötigen Gleichungen zur Bestimmung der Kraftkomponenten in t- bzw. b-Richtung aufgelistet.

Tab.: 5.1 Kraftkomponenten in Binormal- und Tangentialrichtung der reduzierten Kräfte

Kraftangriff beeinflußt durch:		
Neigung der Schneckenwendel (Winkel α)		Förderwinkel ψ
$r_j < r_m$	$r_{j+1} > r_m$	$r_{j+1} > r_m$
$\overline{R}_{j,b} = \overline{R}_j \cdot \sin(\gamma_j - \alpha_m)$ $\overline{R}_{j,t} = \overline{R}_j \cdot \cos(\gamma_j - \alpha_m)$ $\overline{N}_{j,b} = \overline{N}_j \cdot \cos(\gamma_j - \alpha_m)$ $\overline{N}_{j,t} = \overline{N}_j \cdot \sin(\gamma_j - \alpha_m)$	$\overline{R}_{j,b} = \overline{R}_j \cdot \sin(\alpha_m - \gamma_j)$ $\overline{R}_{j,t} = \overline{R}_j \cdot \cos(\alpha_m - \gamma_j)$ $\overline{N}_{j,b} = \overline{N}_j \cdot \cos(\alpha_m - \gamma_j)$ $\overline{N}_{j,t} = \overline{N}_j \cdot \sin(\alpha_m - \gamma_j)$	$\overline{R}_{j,b} = \overline{R}_j \cdot \sin(\alpha_m + \gamma_j)$ $\overline{R}_{j,t} = \overline{R}_j \cdot \cos(\alpha_m + \gamma_j)$ $\overline{N}_{j,b} = \overline{N}_j \cdot \cos(\alpha_m + \gamma_j)$ $\overline{N}_{j,t} = \overline{N}_j \cdot \sin(\alpha_m + \gamma_j)$

5.6.6 Bewegungsgleichung

Grundlage für die Ermittlung der Bewegungsgleichung ist der Impulssatz für eine Punktmasse; eine Betrachtung, welche durch die Kräftereduktion auf den Massenschwerpunkt erlaubt ist. Unter der Voraussetzung eines stationären Bewegungszustands lautet der Impulssatz:

$$\frac{d(\Delta\overline{I})}{dt} = \Delta\overline{F} = m \cdot \frac{d\overline{v}}{dt} = m \cdot \overline{a} \qquad (5.85)$$

Der Impulssatz liefert so eine Aussage über die Bewegungsänderung eines Körpers, was in diesem Fall zur Bestimmung der Gutbewegung der einzelnen Sektorelemente genutzt wird. Da die Sektorelemente auf kreisförmigen Bahnen mit jeweils konstantem Radius geführt werden, ergibt sich, daß die Bewegung in keiner Richtung beschleunigt wird. Im t,n,b-System gelten sodann:

$$\sum F_t = m \cdot a_t = m \cdot \ddot{t} = 0$$
$$\sum F_n = m \cdot a_n = m \cdot \ddot{n} = 0 \qquad (5.86a, b, c)$$
$$\sum F_b = m \cdot a_b = m \cdot \ddot{b} = 0$$

Die Kräftegleichgewichte in Binormal- und Tangentialrichtung lauten wie folgt:

$$\overline{N}_{wu,b} - \overline{N}_{wo,b} - \overline{R}_{n,b} - \overline{R}_{n+1,b} + \overline{R}_{wu,b} + \overline{R}_{wo,b} - G_b = 0 \qquad (5.87)$$

$$\overline{N}_{wu,t} - \overline{N}_{wo,t} - \overline{R}_{n,t} + \overline{R}_{n+1,t} - \overline{R}_{wu,t} - \overline{R}_{wo,t} - G_t = 0 \qquad (5.88)$$

Durch Einsetzen der zutreffenden Bestimmungsgleichungen aus Tabelle 5.1 und der Gleichung (5.60) kann Gleichung (5.87) umgeformt und nach N_{wu} aufgelöst werden. Die Lösung kann dann zusammen mit Gleichung (5.61) in Gleichung (5.88) eingesetzt werden:

$$\frac{A \cdot D}{B}\overline{N}_{wu} - C \cdot \overline{N}_{wo} - G \cdot \sin\beta \cdot \left(\sin\alpha_m - \frac{D}{B} \cdot \cos\alpha_m \right) +$$
$$+ \overline{R}_n \cdot \left(\frac{D}{B} \cdot \sin(\gamma_m - \alpha_m) - \cos(\gamma_m - \alpha_m) \right) + \overline{R}_{n+1} \cdot \left(\frac{D}{B} \cdot \sin(\alpha_m \pm \gamma_m) + \cos(\alpha_m \pm \gamma_m) \right) = 0 \qquad (5.89)$$

mit A, B, C und D:

$$A = \cos(\alpha_m - \gamma_{wo}) - \mu_w \cdot L_R \cdot \sin(\alpha_m - \gamma_{wo}) \qquad (5.90)$$

$$B = \cos(\alpha_m - \gamma_{wu}) + \mu_w \cdot L_R \cdot \sin(\alpha_m - \gamma_{wu}) \qquad (5.91)$$

$$C = \sin(\alpha_m - \gamma_{wu}) - \mu_w \cdot L_R \cdot \cos(\alpha_m - \gamma_{wu}) \qquad (5.92)$$

$$D = \sin(\alpha_m - \gamma_{wo}) + \mu_w \cdot L_R \cdot \cos(\alpha_m - \gamma_{wo}) \qquad (5.93)$$

Die entwickelte Gleichung ist für das tangentiale Gleichgewicht an allen Sektorelementen gültig. Die doppelten Vorzeichen geben Auskunft über die Art des Sektorelements, das augenblicklich betrachtet wird. Die negativen Vorzeichen sind für sämtliche inneren Sektorelemente $n < \mathrm{M}$ gültig. Positive Vorzeichen ergeben sich aus der Betrachtung des äußersten Sektorelementes $n = \mathrm{M}$, das die Rohrinnenwand berührt. Am äußersten Element ist zu berücksichtigen, daß die Normalkräfte auf die Wendeloberseite und die daraus resultierenden Reibkräfte nicht im Massenschwerpunkt r_m, sondern am Radius r_s angreifen.

Die Gleichung (5.89) ist für alle Sektorelemente gültig und beinhaltet über die Reibkräfte in den radialen Schnittflächen das Stoffgesetz und damit die Gutwinkelgeschwindigkeit ω_a und die Gutverteilung. Über die Reibkräfte in den Schnittflächen sind zudem die jeweils benachbarten Sektorelemente gekoppelt. Im Haftfall gilt die bekannte Ungleichung $R_C \leq \mu_G \cdot N$. Letztere ist innerhalb der numerischen Berechnung durch eine Gleichung zu ersetzen, wie sie streng genommen nur für den Gleitfall existiert. Man tauscht daher den Reibwert μ_G durch einen fiktiven Reibwert μ^* aus, wobei $\mu^* \leq \mu_G$ gilt. Die Gleichung für den Haftfall lautet:

$$R_C = \mu^* \cdot N \tag{5.94}$$

Es entsteht somit ein System aus M nichtlinearen Gleichungen, das durch ein geeignetes Nullstellenverfahren numerisch zu lösen ist. Als Rechenverfahren wird ein gedämpftes Newton-Verfahren eingesetzt. Variiert wird hierbei die Winkelgeschwindigkeit ω_{a_j} der einzelnen Sektorelemente, wobei die Startwerte in geeigneter Weise vorzugeben sind, um die Rechenzeit abzukürzen.

Die Berechnung endet, wenn die Kräftegleichgewichte für alle Elemente erfüllt und so alle Winkelgeschwindigkeiten ω_{a_j} bestimmt sind. Aufgrund der zulässigen Gleitbewegungen zwischen den Sektorelementen können die Winkelgeschwindigkeiten ω_{a_j} untereinander variieren. Dabei ist aber der Fall auszuschließen, bei dem ein Element n langsamer rotiert als das benachbarte Element n+1. Physikalisch sinnvoll ist nur die Beziehung

$$\omega_{a,n} \geq \omega_{a,n+1} \cdot \tag{5.95}$$

Das Berechnungsverfahren schließt aber grundsätzlich $\omega_{a,n} \leq \omega_{a,n+1}$ als Lösung nicht aus. Deshalb wird der fiktive Reibwert μ^* in jeder Trennfuge schrittweise verkleinert, bis in allen Trennfugen die Ungleichung (5.95) erfüllt ist.

5.6.7 Gültigkeitsbereich

Unter Vorgabe sämtlicher Betriebs-, Konstruktions- und Stoffparameter kann die Bewegung von Schüttgut im geneigten, steilen Schneckenförderer ermittelt werden. Dabei ist aber der Gültigkeitsbereich hinsichtlich der Achsneigung β bislang noch nicht berücksichtigt worden. Das Kriterium zur Beurteilung der Berechnungsergebnisse ergibt sich aus einer Grundanforderung an das Berechnungsverfahren und besteht darin, daß sich zu keiner Zeit bzw. an keinem Ort in der Schnecke das Material von der Wand bzw. vom nächstäußeren Element in radialer Richtung ablösen soll. Daher sind die Kräfteverhältnisse in Normalrichtung des t,n,b-Systems zu betrachten. Hieraus folgt die einfache Überlegung, daß ein Ablösen von der Wand nur dann eintritt, wenn die Zentrifugalkraft aus der Gutbewegung kleiner der entgegengesetzten Gewichtskraftkomponente in n-Richtung wird. Betrachtet wird dabei das Gleichgewicht an der obersten Mantellinie des Förderrohres bei φ_a = 180°, dem ungünstigsten Fall. Hieraus folgt:

$$\omega_{a,n} \approx \sqrt{\frac{g \cdot \cos\beta}{r_{m,n}}} \tag{5.96}$$

Diese Sichtweise vereinfacht die tatsächlichen Verhältnisse in der Schneckenkammer, so berücksichtigt diese Betrachtung z. B. die Wechselwirkungen zwischen den Schüttgutteilchen nicht. Letztlich soll das Kriterium nur einen Richtwert zur Beurteilung der Berechnungsergebnisse liefern.

Aus dieser Betrachtung folgt zudem die Vermutung, daß die Schüttgutförderung analog zur Einzelkörperförderung in drei charakteristische Bereiche eingeteilt werden kann:

- Ein Bereich mit einer rein translatorischen Gutbewegung, der innerhalb des Gültigkeitsbereichs der Norm DIN 15262 [2] liegt.
- Ein Bereich mit einer gleichförmigen Gutbewegung auf einer schraubenförmigen Bahn, wobei das Fördergut ständig in Kontakt mit der Rohrinnenwand steht.
- Ein Bereich, innerhalb dessen die letztgenannten Kriterien nicht mehr gültig sind (Übergangsbereich).

5.6.8 Massenstrom

Zunächst kann mit den Berechnungsergebnissen aus dem vorangegangenen Kapitel der Volumenstrom bestimmt werden. Allgemein ist der Volumenstrom das Produkt aus einer durchströmten Fläche und einer hierzu senkrechten Gutgeschwindigkeit bzw. einer senkrechten Geschwindigkeitskomponente v_ζ. Da der Schneckenförderer aber nur entsprechend dem Füllungsgrad φ mit Schüttgut beladen ist, reduziert sich der Volumenstrom in gleichem Maße:

$$I_V = \left(1 - \frac{s}{H}\right) \cdot A_0 \cdot \varphi \cdot v_\zeta = \left(1 - \frac{s}{H}\right) \cdot \pi \cdot \left(r_a^2 - r_i^2\right) \cdot \varphi \cdot v_\zeta \tag{5.97}$$

Diese Gleichung ist aber nur gültig, wenn keine Relativbewegungen im Schüttgut auftreten. Gleiten hingegen die Sektorelemente aneinander ab, so sind die Teilvolumenströme zu addieren. Die jeweiligen Teilfüllungsgrade φ_n liefert ebenfalls das Berechnungsverfahren:

$$I_V = \sum_{n=1}^{M} \left(1 - \frac{s}{H}\right) \cdot \pi \cdot \left(r_{n+1}^2 - r_n^2\right) \cdot \varphi_n \cdot v_{\zeta,n} \tag{5.98}$$

Aus Volumenstrom und bekannter Fördergutdichte ρ_s kann nun der Massenstrom berechnet werden:

$$I_m = \sum_{n=1}^{M} \left(1 - \frac{s}{H}\right) \cdot \pi \cdot \left(r_{n+1}^2 - r_n^2\right) \cdot \rho_s \cdot \varphi_n \cdot v_{\zeta,n} = \rho_s \cdot I_V \tag{5.99}$$

5.6.9 Leistungsabschätzung

Im nachfolgenden Abschnitt erfolgt eine Abschätzung des Leistungsbedarfs eines steilen Schneckenförderers. Dieser setzt sich aus einer Reihe von Verlustanteilen zusammen:

- Hubleistung
- Reibleistung zwischen Gut und Wendel
- Reibleistung zwischen Gut und Rohrinnenwandung
- Reibleistung zwischen Gut und Schneckenwelle
- dissipierte Leistung in den Scherfugen
- Zwischenlagerverlust
- Lagerreibung
- Spaltverlust
- Verlust aus Gutbeschleunigung

Hiervon lassen sich die fünf erstgenannten Leistungsanteile direkt aus der Berechnung ableiten. So ergibt sich für die Hubleistung aus den Teilmassenströmen:

$$P_{Hub} = \sum_{n=1}^{M}\left(1-\frac{s}{H}\right)\cdot\left(r_{n+1}^2 - r_n^2\right)\cdot\pi\cdot l_{ges}\cdot\sin\beta\cdot\varphi_n\cdot\rho_s\cdot g\cdot v_{\zeta,n} = I_m\cdot l_{ges}\cdot\sin\beta\cdot g \qquad (5.100)$$

Die Reibleistung zwischen Gut und Wendelfläche ist das Produkt aus der Reibkraft auf der Wendelober- bzw. -unterseite und der Relativgeschwindigkeit $v_{r,n}$ aus Gleichung (4.13) zwischen Gut und Wendel am Elementschwerpunkt $r_{m,n}$:

$$P_W = \sum_{n=1}^{M}\left(\overline{R}_{wu,t,n} + \overline{R}_{wo,t,n}\right)\cdot v_r(r_{m,n})\cdot\frac{l_{ges}}{H} \qquad (5.101)$$

Die Reibleistung P_a an der Rohrinnenwand wird gebildet mit der Reibkraft R_{n+1} am äußersten Sektorelement und der Absolutgeschwindigkeit v_a gemäß Gleichung (4.14):

$$P_a = R_{n+1}\cdot v_a(r_a) = R_{n+1}\cdot\frac{r_a\cdot\omega_a}{\cos\psi(r_a)} \quad \text{mit} \quad n = \mathrm{M} \qquad (5.102)$$

Falls die Schüttgutfüllung die Schneckenwelle berührt, wird die Reibleistung P_i analog zu R_a bestimmt; diese ist also das Produkt aus der Reibkraft R_n am innersten Sektorelement und der Relativgeschwindigkeit v_r gemäß Gleichung (4.13):

$$P_i = R_n\cdot v_r(r_i) \quad \text{mit} \quad n = 1 \qquad (5.103)$$

Die dissipierte Reibleistung P_G infolge von Relativbewegungen berechnet sich aus den Reibkräften in den Trennfugen und den Relativgeschwindigkeitsdifferenzen der jeweils benachbarten Sektorelemente, wobei die Anteile aus den Partikelstößen nicht berücksichtigt werden:

$$P_G = \sum_{n=2}^{M} \overline{R}_{t,n} \cdot \left(v_r(r_{m,n}) - v_r(r_{m,n-1})\right) \cdot \frac{l_{ges}}{H} \tag{5.104}$$

Von den übrigen Verlustleistungen können lediglich noch die Zwischenlagerverluste nach dem Verfahren von Greinwald [58] berechnet werden. Die restlichen Verlustanteile entziehen sich einer genauen Berechnung.

Wie die Auswertung der eigenen experimentellen Untersuchungen ergab, spielt hierbei der Spaltverlust eine dominante Rolle gegenüber den übrigen Leistungsanteilen. Daher soll dieser hier knapp erläutert werden.

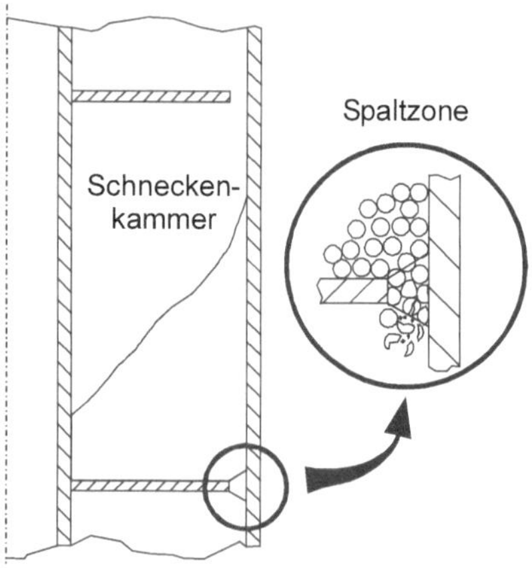

Bild 5.25: Darstellung der Vorgänge in der Spaltzone

In Kapitel 5.5 wurde bereits der Einfluß der Fertigungstoleranzen auf die Fördergutkonditionen dargelegt. In gleicher Weise beeinflussen diese nun auch die Vorgänge im Spalt. Zunächst strömt kontinuierlich Material zwischen Schneckenwendelstirn und Förderrohr in den darunterliegenden Gang, wobei der Massenstromverlust in der Regel vernachlässigt werden kann. Jedoch wird im Spalt permanent Material eingeklemmt, deformiert oder gar gebrochen, woraus ein erheblicher Leistungsmehraufwand resultiert (Bild 5.25). Dieser Vorgang findet entlang der ganzen

Fördererlänge statt. Er entzieht sich aber aufgrund der vielfältigen Einflußfaktoren bzw. Mechanismen (Betriebsparameter, Geometrie, Stoffeigenschaften, Verschleiß etc.) einer genauen Berechnung. Erste Ansätze hierfür liefert Leitner [63].

Für eine Abschätzung des Leistungsbedarfs wird auf den Vorschlag von Gabler [41] zurückgegriffen, der den sogenannten Verschiebewiderstandsbeiwert λ der DIN 15262 [2] heranzieht. Der Verschiebewiderstandsbeiwert λ kann als fiktiver Reibwert nur experimentell ermittelt werden, wobei üblicherweise für den fiktiven Reibwert $\lambda > 1$ gilt:

$$P_{ges} = P_{Hub} + \frac{\lambda}{\mu_z} \cdot P_a \tag{5.105}$$

Dieser Kennwert λ beinhaltet sämtliche Leistungsanteile, mit Ausnahme der Hubleistung. Aufgrund der Dominanz des Spaltverlustes erlaubt dieses Verfahren eine Abschätzung des Leistungsbedarfs eines Schneckenförderers bei globaler Berücksichtigung sämtlicher Verlustanteile. Dieses Verfahren erlaubt im Falle der schrägen Förderung eine sichere Auslegung von Schneckenförderern.

Zur Verdeutlichung, daß der Verschiebewiderstandsbeiwert λ streng genommen nur für den Gültigkeitsbereich der Norm vorgesehen ist, soll der Kennwert für den Förderfall mit schraubenförmiger Gutbewegung im Bereich III als Förderfaktor ϕ bezeichnet werden. Mit Gleichung (4.113) geht Gleichung (4.152) über in

$$P_{ges} = P_{Hub} + \phi \cdot N_r(r_a) \cdot \frac{r_a \cdot \omega_a}{\cos\psi(r_a)} \ . \tag{5.106}$$

Der Förderfaktor ϕ ist hierbei, bedingt durch die oben genannten Einflußfaktoren, nicht als konstante Größe zu betrachten, wie die Ergebnisse von Gabler [41] zeigen.

5.7 Programmbeschreibung zur Berechung des Fördervorgangs in einer geneigten Förderschnecke

Zur Erleichterung der Berechnung wurde das entwickelte Berechnungsverfahren in ein PC-Programm auf Basis der Programmiersprache Object Pascal integriert (Bild 5.26). Über Eingabemasken kann der Anwender die notwendigen Betriebs-, Konstruktions- und Stoffparameter eingeben. Zusätzlich sind für die noch unbekannten Winkelgeschwindigkeiten $\omega_{a,j}$ Startwerte vorzugeben.

Ausgehend von diesen Startwerten erfolgt eine erste Kontur- und Spannungsberechnung sowie die Einteilung in die Sektorelemente und die Kräfteberechnung. Durch Variation der Winkelgeschwindigkeiten $\omega_{a,j}$ mittels eines Newton-Verfahrens können die Kräftegleichgewichte aus Gleichung (5.89) erfüllt werden, wobei ständig die Randbedingungen aus Gleichung (5.63) bezüglich der Füllungskonfiguration und Gleichung (5.95) hinsichtlich der radialen Geschwindigkeitsverteilung geprüft werden.

Als Koppelbedingung zwischen den Elementen dienen dabei die Reibkräfte in den Trennfugen zwischen den Sektorelementen. Die Reibkraft am äußeren, radialen Schnittufer des n-ten Elementes ist zugleich die Reibkraft am inneren, radialen Schnittufer des n+1-ten Elementes. Innerhalb der Sektorelemente wird die Oberflächenkontur linearisiert berechnet, wobei die Steigung der Oberflächenkontur am Schwerpunktradius herangezogen wird. Es ergibt sich für jedes Sektorelement:

$$k(r_{n+1}) = k(r_n) + k'(r_m) \cdot \Delta r \tag{5.107}$$

Auf Basis dieser Berechnungsergebnisse wird nun eine neue Gutverteilung in der Schneckenkammer bestimmt. Diese ist auf die Verträglichkeit mit dem Betriebsparameter Füllungsgrad φ zu prüfen. Durch Variation der Konturanfangshöhe $k(r_1)$ zu Beginn eines Iterationsvorgangs wird diesem Aspekt Rechnung getragen. Als Startparameter für eine erneute Iteration dienen die Winkelgeschwindigkeiten der vorangegangenen Berechnung. Die Geschwindigkeitsberechnung endet, wenn sämtliche Randbedingungen, inklusive Füllungsgrad, hinreichend genau erfüllt sind. Grafisch dargestellt bedeutet dies, daß Oberflächenkonturen aus vorletzter und letzter Berechnung identisch sind.

Im nächsten Schritt ist gemäß Gleichung (5.96) zu bewerten, ob die Ergebnisse im Definitionsbereich des Berechnungsverfahrens liegen. Bei Gutablösung von der Rohrinnenwand bricht das Berechnungsverfahren ab.

Im weiteren Verlauf erfolgt dann die Berechnung der Geschwindigkeitskomponenten, des Volumen- bzw. des Massenstroms sowie der Leistungsanteile.

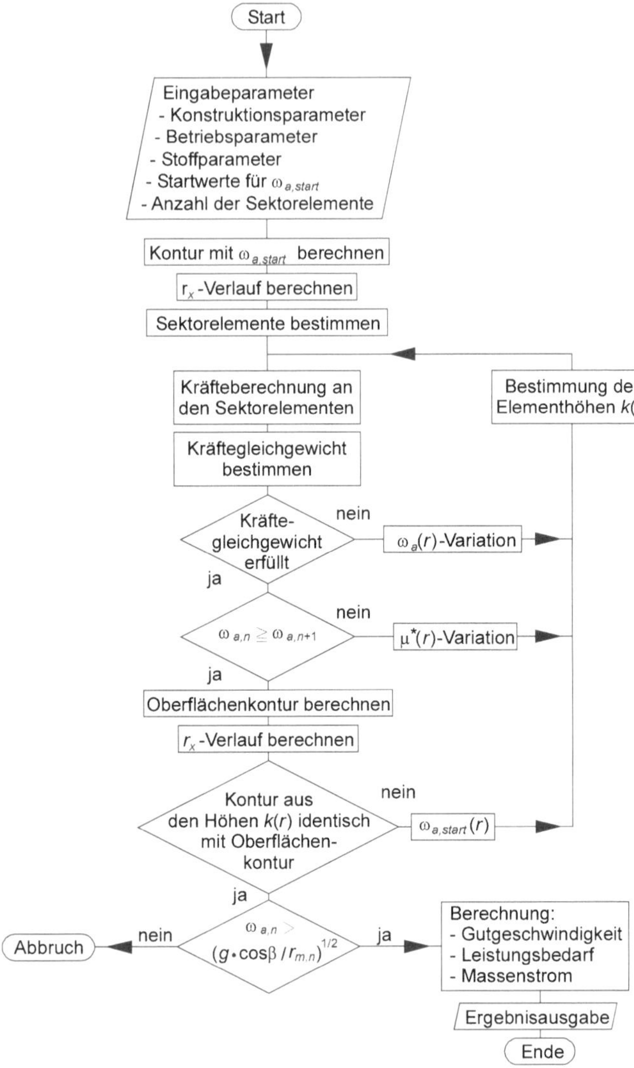

Bild 5.26: Ablaufdiagramm zur Berechnung der Förderung in einem schrägen Schneckenförderer

6 Experimentelle Untersuchungen

Parallel zur theoretischen Betrachtung der Problematik erfolgt die experimentelle Untersuchung der Schüttgutförderung in schrägen Schnecken. Ziel ist hierbei das Bewegungsverhalten und den Leistungsbedarf in Abhängigkeit der Betriebsparameter Drehzahl und Neigung zu bestimmen.

Weiterhin dienen die experimentellen Ergebnisse zur Überprüfung des entwickelten Berechnungsmodells. Hier liefern die eigenen Versuche Kenntnisse über diejenigen Parameter, die theoretisch nicht ermittelt werden können. Generell kann geklärt werden, ob die dem Berechnungsmodell zugrunde gelegten Annahmen zutreffend sind und unter welchen Randbedingungen das Berechnungsverfahren gültig ist.

6.1 Die Versuchsanlage

6.1.1 Beschreibung der Versuchsanlage

Die in Bild 6.1 dargestellte Versuchsanlage setzt sich aus mehreren miteinander verketteten Stetigförderern zusammen, die einen geschlossenen Schüttgutkreislauf bilden. In diesem Kreislauf befindet sich als zentraler Förderer ein neigbarer Schneckenförderer (a). Weiterhin befindet sich in der Förderkette ein Bandförderer (b). Dieser dient der Übergabe des geförderten Schüttguts an den nachgeschalteten, parallel zum Schneckenförderer angeordneten Trogkettenförderer (c). Am Bandförderer ist zusätzlich die Massenstrommeßeinrichtung angebracht. Der Trogkettenförderer (c) transportiert das Schüttgut in den Bunker (d), der als Materialpuffer dient. Der Bunker (d) wiederum ist mit dem Schneckenförderer verbunden.

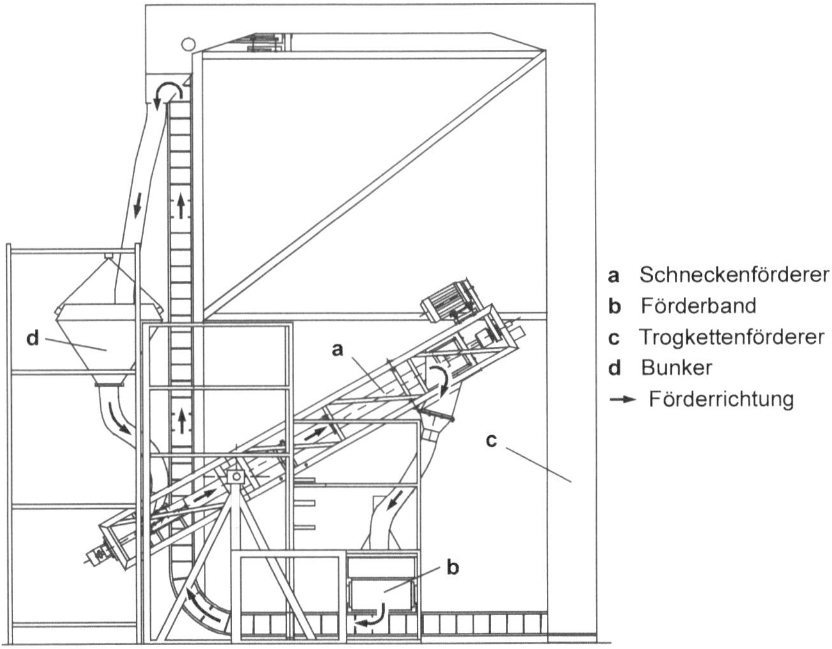

Bild 6.1: Darstellung der verwendeten Versuchsanlage

Sowohl zwischen Bunker (d) und Schneckenförderer als auch zwischen Schneckenförderer und Bandförderer (b) befinden sich flexible Schlauchleitungen, die in der Länge den Versuchsanforderungen angepaßt werden können. Das Förderband wirft das Schüttgut unmittelbar in den Trog des Trogkettenförderers ab. Die Gesamtanlage ist weitgehend staubgekapselt.

6.1.2 Der Schneckenförderer

Das zentrale Element der Versuchsanlage bildet der neigbare Schneckenförderer (a), dessen technische Hauptdaten der Tabelle 6.1 zu entnehmen sind.

Tab. 6.1: Technische Daten des Versuchsschneckenförderers

Schneckenwellendurchmesser	d_i = 34 mm
Schneckenwendeldurchmesser	d_w = 100 mm
Rohrinnendurchmesser	d_a = 110 mm
Ganghöhe	H = 100 mm
Förderlänge	L = 2445 mm
Antriebsleistung	P = 1,4 kW
Arbeitsbereich	β = 0° .... 90°

Der Schneckenförderer besteht im wesentlichen aus drei Baugruppen:

- Grundrahmen

Der Grundrahmen ist eine Schweißkonstruktion aus geschlossenen Vierkantrohrprofilen, der die Baugruppen Schwenkrahmen und Förderschnecke aufnimmt. Er ist mit einem begehbaren Podest versehen, um Montage- bzw. Demontagetätigkeiten sowie Wartungsarbeiten am Versuchsförderer zu gestatten. Unterhalb dieser Plattform befindet sich der elektromotorische Schwenkantrieb des Schwenkrahmens.

- Schwenkrahmen

Der Schwenkrahmen ist drehbar im Grundrahmen gelagert. Mit Hilfe des Schwenkantriebs kann jeder beliebige Neigungswinkel zwischen $0° \leq \beta \leq 90°$ eingestellt werden. Die Festlegung des Rahmens in einer Position erfolgt über beidseitig angeordnete Spannhülsen. Der Rahmen ist eine Schweißkonstruktion aus

Vierkantrohrprofilen in Form eines Gittermastes mit rechteckigem Querschnitt. Diese Bauweise gewährleistet eine ausreichende Stabilität und eine gute Zugänglichkeit zur Förderschnecke, welche im Schwenkrahmen eingebaut ist. Am oberen Rahmenkopf befinden sich die Aufnahmen für die Wellenlagerung, den Antrieb und den Gutauslaufbehälter sowie für verschiedene meßtechnische Einrichtungen. Am unter Ende befinden sich das Fußlager der Schneckenwelle und die Befestigung für den Gutaufgabebehälter.

- Mehrteilige Förderschnecke mit Antrieb und Meßeinrichtungen

Die Förderschnecke stellt eine Sonderkonstruktion dar. Aufgrund der eingebauten Meßeinrichtungen weicht sie von der üblichen Bauweise einer Schneckenwelle ab. Sie besteht aus mehreren Abschnitten, wobei der schematische Aufbau in Bild 6.2 dargestellt ist.

Die Antriebsleistung wird über einen Zahnriemen in die Welle eingeleitet, die am Kopf des Schwenkrahmens zweifach wälzgelagert ist. Zwischen Riemenscheibe und dem Hauptlager, das die Axialkräfte aufnimmt, befindet sich eine elastische Kupplung, um unvermeidliche Fluchtungsfehler auszugleichen und Drehstöße zu dämpfen. Unterhalb des Hauptlagers ist eine Meßwelle für das Gesamttorsionsmoment angeflanscht. Daran schließt der obere Abschnitt der Schneckenwelle. Die gewalzte Schneckenwendel ist mittels Rohrschellen an der Welle befestigt, wodurch die Montage bzw. Demontage der Wendel erleichtert wird.

Aufgrund des großen Lagerabstands von Haupt- und Fußlager und der schlanken Gestaltung der Welle ist zur Unterstützung ein Zwischenlager nötig. Infolge der kleinen Querschnitte der Torsionsmeßwellen ist die Welle sehr biegeweich. Ohne Zwischenlager würden sich im Betrieb Schneckenwendel und Rohrinnenwand berühren, was jedoch vermieden werden soll.

Der Lagerzapfen ist beidseitig reibschlüssig mit der Schneckenwelle verbunden. Eine Flanschkonstruktion schied hier aus, da der Lagerring nicht geteilt ausgeführt werden konnte. Der Lagerring besteht aus einer einteiligen Buntmetallbuchse, welche in einen Stahlring eingepreßt ist. Über drei radial angeordnete Stäbe wird das Lager gegen das Lagergehäuse verspannt und gleichzeitig zentriert. Die Signalleitung der oberen Torsionsmeßwelle wird durch eine Bohrung im Lagerzapfen hindurchgeführt.

Über einen geschraubten Flansch wird die untere Schneckenwelle mit einer zweiten Torsionsmeßwelle befestigt. Die Torsionsmeßeinrichtung befindet sich unmittelbar hinter dem Flansch und dient der Bestimmung des Moments im Zulaufbereich. An der unteren Schneckenwelle erweitert sich die Wendel im Bereich des Zulaufkastens auf einen Nenndurchmesser von d_w = 160 mm, um die Füllung der Schnecke zu erhöhen. Die Wendelsegmente sind wiederum mit Rohrschellen an der Welle befestigt.

Den untersten Abschnitt der Welle bildet der angeflanschte Lagerzapfen. Dieser ist ebenfalls hohlgebohrt und nimmt zwei Signalleitungen auf.

Am unteren Wellenende ist über eine flexible, sehr kurz bauende Kupplung ein Schleifringkopf zum Abgriff der Meßsignale angebracht. Die Kupplung entkoppelt den empfindlichen, am Schwenkrahmen fest installierten Schleifringkopf von Schwingungen, Achs- und Winkelversatz der Schneckenwelle.

Als Förderrohre dienen Plexiglasröhren (PMMA) mit einem Innendurchmesser d_a = 110 mm bei einer Wandstärke von 5 mm. Die Fixierung der Röhren erfolgt über den konischen Gehäuseabschnitt des Zulaufkastens im unteren Bereich der Schnecke und über den Auslaufkasten am oberen Ende sowie am Zwischenlagergehäuse. Letzteres besteht aus zwei Aluminiumhalbschalen, welche die drei Lagerstreben aufnehmen.

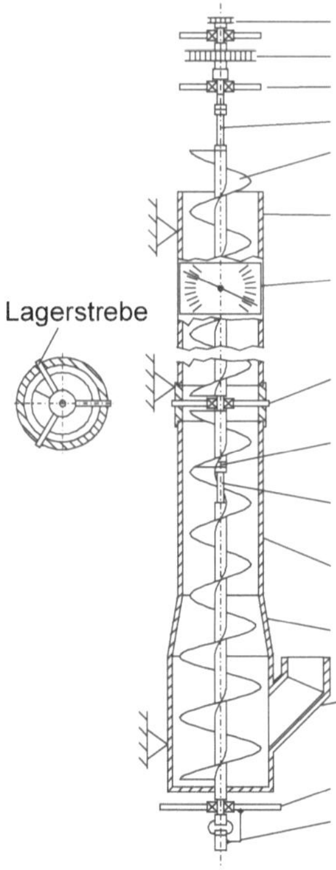

Bild 6.2: Schematischer Aufbau der Versuchsschnecke

6.1.3 Versuchsstandsteuerung

Für die Versuchsdurchführung wurde kein automatisierter Betrieb vorgesehen. Der Versuchsstand ist daher konventionell ohne Rechnerunterstützung zu steuern.

Die Drehstromantriebe von Förderschnecke und -band sind jeweils frequenzgeregelt und können - wie auch der Gleichstromantrieb des Trogkettenförderers - stufenlos in ihrer Drehzahl verändert werden. Die Ansteuerung der Neigeeinrichtung für den Schwenkturm erfolgt über Drucktasten.

6.1.4 Meßtechnik

Die Meßwerterfassung erfolgt, mit Ausnahme des Förderwinkels, rechnergestützt. Die Erfassung der Meßgrößen Torsion bzw. Drehmoment erfolgt dabei nach dem in Bild 6.3 dargestellten Prinzip. Das vom Sensor bereitgestellte Signal wird zunächst verstärkt und mit Hilfe von Anti-Aliasing-Filtern, es handelt sich hierbei um Tiefpaßfilter, von höherfrequenten Störeinflüssen bereinigt. Die aufbereiteten Meßsignale werden dann der rechnergestützten Auswerteeinheit zugeführt. Die analog vorliegenden Signale werden nun in einer Abtast-Halte-Schaltung gespeichert, da der nachfolgende Analog-Digital-Wandler mit einer Auflösung von 12 Bit eine endliche Zeitspanne zur Umsetzung der analogen Signale in digitale Signale benötigt. Die digitalen Meßwerte werden anschließend weiterverarbeitet oder gespeichert.

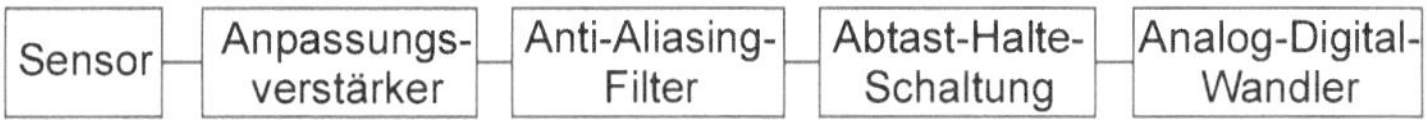

Bild 6.3: Prinzipieller Aufbau einer Meßkette

6.1.4.1 Förderwinkelmeßvorrichtung

Der Förderwinkel beschreibt die Gutbewegung und wird während des Betriebs mit einer Meßfahne ermittelt, die auf einer durchsichtigen, mit einer Winkelskala versehenen Plexiglasplatte montiert ist. Diese Meßeinrichtung ist in Bild 6.2 zu erkennen. Unter der Voraussetzung einer einheitlichen Blockwinkelgeschwindigkeit, was im Versuchsbetrieb angestrebt wird, bietet diese Meßmethode eine ausreichende Genauigkeit. Aufgrund der nicht einheitlichen Gutfärbung ist die Gutströmung im Schneckenförderer sehr gut zu erkennen und anhand der Meßfahne abzulesen.

6.1.4.2 Drehzahlmeßeinrichtung

An der Spitze der Versuchsschnecke befindet sich ein Unipolargenerator, der schlupffrei über einen Zahnriementrieb mit der Welle des Schneckenförderers verbunden ist. Dieser liefert eine der Drehzahl proportionale Spannung. Diese Spannung kann über eine Anzeige visualisiert werden und dient dem Operateur zur Kontrolle der Schneckendrehzahl. Parallel kann das Meßsignal in einer Rechnereinheit gespeichert werden.

6.1.4.3 Torsionsmeßwellen

Die Schneckenwelle verfügt über zwei Torsionsmeßwellen. Unterhalb des Festlagers wird dabei das gesamte in die Förderschnecke eingeleitete Moment gemessen. Eine weitere Torsionsmeßwelle bestimmt das Torsionsmoment aus dem Zulaufbereich. Durch diese Anordnung der Meßstellen kann meßtechnisch der Zulauf- vom übrigen Förderbereich getrennt werden, so daß die Meßergebnisse durch Vorgänge im Bereich des Gutzulaufs nicht verfälscht werden.

Beide Torsionsmeßwellen sind mit speziellen Torsions-Dehnmeßstreifen in Vollbrückenanordnung ausgestattet und temperaturkompensiert. Eine Gleichspannungsquelle versorgt die Meßbrücken. Die Meßsignale werden verstärkt und der Rechnereinheit zugeführt. Hierbei ist anzufügen, daß die Verwendung von Gleichstromtechnik den Vorteil der Unempfindlichkeit gegenüber den Störeinflüssen der Frequenzumrichter bietet.

6.1.4.4 Massenstrommeßvorrichtung

Die Bestimmung des geförderten Massenstroms erfolgt mit Hilfe eines Laser-Scanners, der die Oberflächenkontur der Gutbeladung auf dem Förderband im stationären Förderzustand abtastet (Bild 6.4). Gleichzeitig mißt ein Tachogenerator die Bandgeschwindigkeit v_{band}, die mittels Frequenzumrichter stufenlos den Versuchbedingungen angepaßt werden kann.

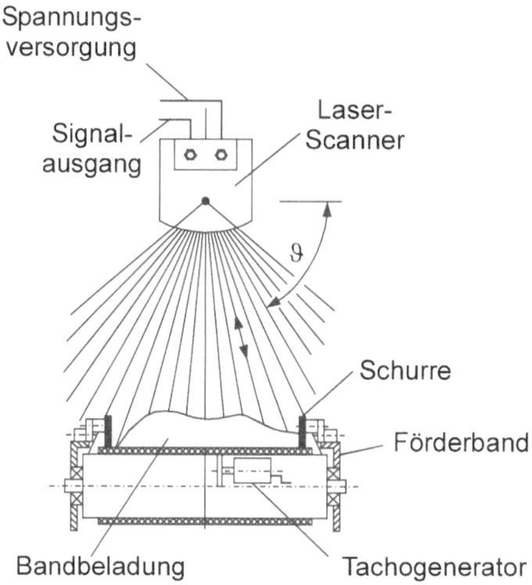

Bild 6.4: Laser-Scanner mit Förderband

Das Funktionsprinzip des Laser-Scanners soll im folgenden kurz dargelegt werden. Dieser arbeitet berührungslos nach dem Prinzip der Pulslaufzeitmessung [88]. Das Gerät sendet einen Laserpuls aus, der auf ein Objekt trifft und reflektiert wird. Im

Empfänger wird das reflektierte Signal aufgenommen und die Zeitdifferenz zwischen Aussendung und Empfang bestimmt.

Im Laser-Scanner befindet sich ein Drehspiegel, welcher den gepulsten Laserstrahl ablenkt und damit die Umgebung senkrecht zur Drehachse zweidimensional abtastet. Während eines Umlaufs des Drehspiegels sendet und empfängt der Scanner eine Abfolge von Impulsen, aus denen sich über die Laufzeit der Abstand zwischen Lichtquelle und Oberfläche bestimmen läßt.

Die Winkelauflösung des Laser-Scanners ist für die vorliegende Aufgabe mit 0,25° konfiguriert worden. Bei einem Scanwinkel von 100° liefert jeder Drehspiegelumlauf einen Datensatz mit 401 Meßwerten. Weiterhin bietet das Gerät die Möglichkeit, eine Mittelung aus bis zu 250 aufeinanderfolgenden Einzelmessungen vorzunehmen. Hierdurch kann der Meßfehler auf ein Minimum reduziert werden, und zugleich wird die zu vermessende Oberfläche über einen längeren Zeitraum untersucht.

Der Meßwertdatensatz kann über eine serielle Schnittstelle an einen PC zur weiteren Verarbeitung gesendet werden. Im vorliegenden Fall wird das Meßergebnis in einer Datei gespeichert und off-line ausgewertet.

Die Meßdaten liegen in diesem Datensatz in Polarkoordinaten vor und werden in kartesische Koordinaten umgewandelt. Die Information über den Winkel ϑ liefert die Position des Meßwerts im Datensatz:

$$x_i = L_i \cdot \sin \vartheta_i \qquad (6.1)$$

$$y_i = L_i \cdot \cos \vartheta_i \qquad (6.2)$$

Anschließend wird der Datensatz gefiltert, so daß nur die Daten in die Konturberechnung eingehen, die sich innerhalb der Schurren befinden. Der Laser-Scanner ist so angeordnet, daß sich der Drehpunkt des Spiegels in einem Abstand von ca. 500 mm über der Bandoberfläche befindet. Der Innenabstand der Schurren beträgt 300 mm bei einer Schurrenhöhe von 60 mm.

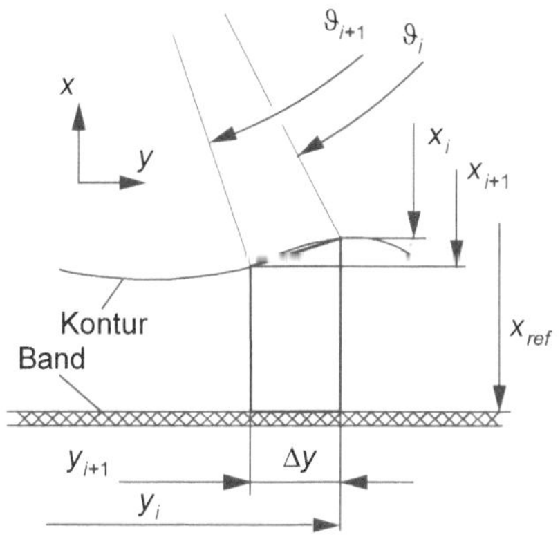

Bild 6.5: Bestimmung eines Flächenelements A_j auf dem Förderband

Mit Hilfe einer Referenzmessung kann der Abstand von Förderband zu Laser-Scanner ermittelt werden. Aus der Differenz der Vertikalkomponenten der Referenz- und der Meßdatei bestimmt sich die Konturhöhe eines Meßpunktes. Zwischen zwei Meßpunkten wird der Oberflächenverlauf linearisiert. Mit Hilfe der Horizontalkomponenten kann die Gesamtquerschnittsfläche A_{band} aus den Einzelflächen A_j aufaddiert werden.

$$A_j = \frac{x_{ref} - 0{,}5 \cdot (x_i + x_{i+1})}{|y_i - y_{i+1}|} \tag{6.3}$$

$$A_{band} = \sum A_j \tag{6.4}$$

Die Multiplikation von Gesamtquerschnittsfläche A_q, Bandgeschwindigkeit v_{band} und Schüttdichte ρ_s ergibt den geförderten Massenstrom I_m:

$$I_m = A_{band} \cdot v_{band} \cdot \rho_s \tag{6.5}$$

6.2 Scherzelle

Für Nebenuntersuchungen zur Bestimmung der Gutreibwerte, dem inneren Reibwert sowie den Reibwerten gegenüber Stahl und PMMA, steht eine Scherzelle zur Verfügung, die nach dem in Bild 6.6 dargestellten Prinzip aufgebaut ist.

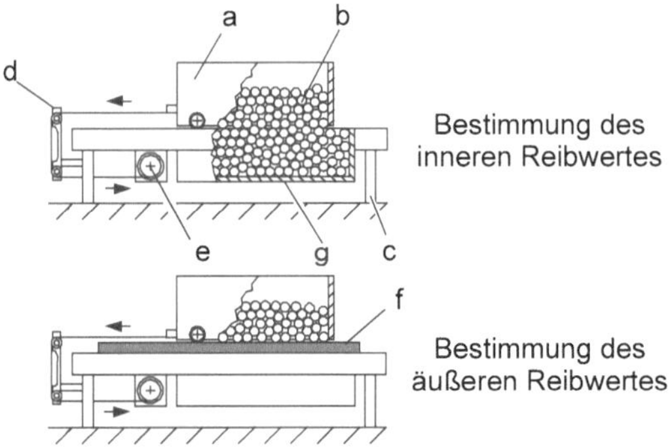

a - Schlitten
b - Schüttgut
c - Rahmen
d - Biegebalken mit DMS
e - Seilwinde
f - Platte (Stahl/PMMA)
g - Gutbehälter

Bild 6.6: Scherzelle zur Ermittlung von Reibwerten

Ein mit Schüttgut gefüllter Schlitten kann wahlweise über eine Platte aus Stahl bzw. PMMA oder über einen ebenfalls mit Schüttgut gefüllten Behälter gezogen werden. Hierzu befindet sich an der Unterseite des Rahmens eine Seilwinde, die eine definierte Vorschubgeschwindigkeit des Schlittens ermöglicht.

Die Umlenkvorrichtung für die Zugschnur dient zugleich als Biegebalken und ist mit Dehnmeßstreifen versehen. Hiermit wird der Reibungswiderstand der Schlittenfüllung gegenüber der Unterlage aus Stahl bzw. PMMA oder Schüttgut ermittelt. Der jeweilige Reibwert ergibt sich aus der Normalkraft der Gutfüllung und der aufzuwendenden Zugkraft.

6.3 Versuchsprogramm

Das Versuchsprogramm legt nun fest, welche Untersuchungen notwendig sind, um einerseits die Rahmenbedingungen für die Förderung in geneigten Schnecken zu ergründen und andererseits die Grundlagen zur Beurteilung des entwickelten Berechnungsmodells zu schaffen.

Zunächst sind in Nebenuntersuchungen die wesentlichen Stoffkennwerte für die vorgesehenen Versuchsschüttgüter

- Raps,
- Weizen und
- PET-Kunststoffgranulat

zu ermitteln. Dies sind im einzelnen:

- Schüttdichte
- Reibwert von Gut gegenüber Schneckenwelle und Wendel (Stahl)
- Reibwert von Gut gegenüber Rohrinnenwand (PMMA)
- innerer Reibwert

Weiterhin sind an der in Kapitel 6.1 beschriebenen Versuchsanlage Förderversuche mit den Schüttgütern durchzuführen. Die Untersuchung erstreckt sich hierbei auf Neigungswinkel von $0° \leq \beta \leq 90°$, wobei als Schrittweite eine Änderung des Neigungswinkels um jeweils 10° vorgesehen ist. Hiermit ergeben sich je Schüttgut zehn Meßreihen, um den Einfluß des Neigungswinkels kenntlich zu machen.

Die Drehzahlen reichen für leicht geneigte Schnecken von $n_s = 50$ 1/min bis $n_s = 400$ 1/min und übersteigen damit die von der DIN 15262 [2] empfohlene Maximaldrehzahl von ca. $n_s = 200$ 1/min für die verwendete Schnecke, um hier Erkenntnisse über das Förderverhalten bei höheren Drehzahlen zu erlangen.

Für die steile Förderung ab einer Neigung von 50° wird eine maximale Schneckendrehzahl von n_S = 500 1/min vorgesehen.

Zusätzlich wird der Förderzustand bei unterschiedlicher Gutbeladung, d.h. bei verschiedenen Füllgraden φ, betrachtet. Dies ist unter mehreren Gesichtspunkten von Interesse. So sind verläßliche Richtwerte zur Bemessung der Gutfüllung nötig, um einerseits den vorhandenen Bauraum, den die Schneckengeometrie zur Verfügung stellt, optimal auszunutzen und andererseits den sicheren Betrieb einer Anlage zu gewährleisten, besonders im Hinblick auf mögliche Gutstauungen an Einbauten (z. B. Zwischenlager etc.) und die Leistungsbemessung.

In Tabelle 6.2 ist das Versuchsprogramm zusammengefaßt.

Tab. 6.2: Versuchsprogramm

Neigungswinkel β **[°]**	**Schüttgut**	**Drehzahl** n_s **[1/min]**	**Untersuchungs-gegenstände**
$0° \leq \beta \leq 40°$ (Schrittweite 10°)	Raps Weizen PET-Kunststoffgranulat	50 – 400	Gutbewegung Leistungsbedarf Massenstrom
$50° \leq \beta \leq 90°$ (Schrittweite 10°)	Raps Weizen PET-Kunststoffgranulat	100 – 500	Gutbewegung Leistungsbedarf Massenstrom

6.4 Experimentelle Ergebnisse und Vergleich

Nach der bisher überwiegend theoretischen Betrachtung der Schüttgutförderung in schrägen Förderschnecken erfolgt an dieser Stelle die Vorstellung und Diskussion der experimentellen Untersuchungsergebnisse. Hier steht die Bestimmung der Gutbewegung im Hinblick auf den Gültigkeitsbereich und die Güte des entwickelten Berechnungsverfahrens im Vordergrund. Weiterhin liefern die charakteristischen Größen Massenstrom und Leistungsbedarf wichtige Hinweise zur Beurteilung des Förderverhaltens einer beliebig neigbaren Schnecke.

Die experimentellen Untersuchungen erstrecken sich nach Kapitel 6.3 über den gesamten Wirkungsbereich von Förderschnecken, d. h. es werden Neigungswinkel von $\beta = 0°$ bis $\beta = 90°$ betrachtet. Demnach wird neben den Gültigkeitsbereichen der Norm DIN15262 [2] und des entwickelten Berechnungsverfahrens auch noch ein Übergangsbereich betrachtet. Dies erlaubt insgesamt eine globale Beurteilung des Förderverhaltens von beliebig geneigten Schnecken.

Verglichen werden die experimentellen Ergebnisse und die Berechnungsergebnisse für den Bereich I sowie für den Bereich III, bei letzterem unter Verwendung des entwickelten Modells aus Kapitel 5.

6.4.1 Schüttgutkennwerte

Im folgenden sind die Schüttgutparameter, auf welchen die Berechnung und folglich der spätere Vergleich mit den experimentellen Ergebnissen basiert, aufgelistet. Diese sind in Tabelle 6.3 zusammengestellt. Einige Parameter wurden, sofern möglich, im Labor bestimmt. Andere wurden dagegen Tabellen entnommen oder, wenn nicht anderen Quellen entnehmbar, abgeschätzt.

Tab. 6.3: Liste der verwendeten Parameter

Parameter	Einheit	Raps	Weizen	PET
Schüttdichte ρ_s	[kg/m^3]	700	780	860
Reibwert μ_z	[-]	0,3	0,33	0,34
Reibwert μ_i	[-]	0,38	0,41	0,41
Reibwert μ_s	[-]	0,28	0,3	0,32
Spannungsverhältnis λ	[-]	1,1 *)	1,2 *)	1,2 *)
Wandspannungsverhältnis λ_a	[-]	0,6 *)	0,65 *)	0,65 *)
Verteilfaktor Z	[Pa/m]	50000 *)	40000 *)	50000 *)
Verschiebewiderstands-beiwert λ	[-]	1,9	1,9	4,0 **)
Förderfaktor ϕ	[-]	1,5 **)	1,8 **)	4,0 **)

*) geschätzte Parameter

**) in Förderversuchen ermittelte Parameter

Die Parameter Spannungsverhältnis λ, Wandspannungsverhältnis λ_a und Verteilfaktor Z können nicht berechnet werden und wurden deshalb abgeschätzt. Für Getreide wurden die Kennwerte der Arbeit von Greinwald [58] entnommen, da die in eigenen Versuchen ermittelten Stoffkennwerte, wie Schüttdichte ρ_s und Reibwerte, eine gute Übereinstimmung mit [58] zeigten.

Der Verteilfaktor Z wurde von [58] durch Zugversuche an einer Schüttgutsäule ermittelt und unter Berücksichtigung der Wendelgeometrie den Rahmenbedingungen des Schneckenförderers angepaßt. Aufgrund der gezeigten Eignung der Parameter können diese übernommen und für PET-Kunststoffgranulat nach eigenem Ermessen abgeschätzt werden. Die Eignung der jeweiligen Parameterkombination für die Berechnung aus Tabelle 6.3 soll der Vergleich im nachfolgenden Kapitel nachweisen.

6.4.2 Gutbewegung

Die drei Versuchsschüttgüter Raps, Weizen und PET-Kunststoffgranulat zeigen ein identisches Bewegungsverhalten in Abhängigkeit der Schneckendrehzahl n_s und der Achsneigung β. Grundsätzlich kann die Gutbewegung bei Schüttgut in drei charakteristische Bereiche eingeteilt werden. Somit zeigen sich in diesem Zusammenhang deutliche Parallelen zur Einzelkörperförderung [33; 41], welche ebenfalls die drei charakteristischen Bereiche I bis III aufweist. Die aus der Einzelkörperförderung bekannte Bezeichnung soll daher auch auf die Schüttgutförderung übertragen werden.

- Bereich I:

Der Bereich I beschreibt die Schüttgutförderung in horizontalen und leicht geneigten Schnecken und ist, den Winkel β zwischen der Schneckenachse und der Horizontalen betreffend, identisch mit dem in der Norm DIN 15262 [2] vorgegebenen Gültigkeitsbereich. Der Winkel β reicht somit von 0° bis ca. 20°.

Innerhalb dieser Grenzen bewegt sich das Schüttgut rein translatorisch, d. h. es wird gemäß Gleichung (4.21) mit jeder Umdrehung der Förderschnecke um genau eine Ganghöhe in Achsrichtung verschoben (Bild 6.7).

Dieses Bewegungsverhalten ist nicht nur bis zur empfohlenen Drehzahlgrenze nach Norm zu beobachten, die für die verwendete Versuchsschnecke bei ca. n_s = 200 1/min liegt. Auch für Schneckendrehzahlen die deutlich darüber liegen, bleibt die Gutbewegung translatorisch.

Einschränkend ist jedoch zu vermerken, daß mit zunehmendem Winkel β die Fördermenge kontinuierlich abnimmt, legt man der Förderung die rein translatorische Bewegung zugrunde. Zurückzuführen ist dies auf die Verringerung des nutzbaren Schneckenkammervolumens. Das Gut böscht grundsätzlich in Drehrichtung der Förderschnecke sowie an der Schneckenwendel auf. Erreicht die Schüttgutoberfläche die oberste Mantellinie der Schneckenwelle, so kann es über diese in den vorherigen Schneckengang zurückfließen. Folglich stellt sich eine andere, nicht mehr ausschließlich translatorische Bewegung ein, die dem Bereich I nicht zugeordnet werden kann.

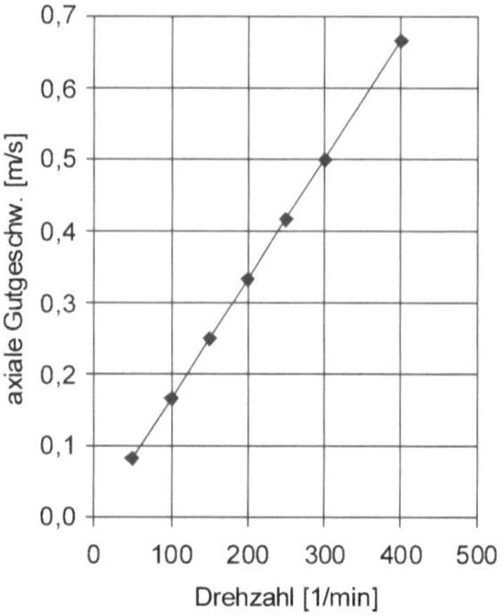

Bild 6.7: *Die Gutgeschwindigkeit im Bereich I, $0° \leq \beta \leq 20°$, für die verwendeten Schüttgüter Raps, Weizen und PET-Kunststoffgranulat*

- Bereich II:

Der Bereich II bezeichnet den Übergang von der rein translatorischen Gutbewegung hin zur gleichmäßigen Gutbewegung auf einer schraubenförmigen Bahn, wie sie bereits von der Einzelkörper- und Schüttgutförderung in vertikalen Schnecken bekannt ist.

Läßt sich bis zu einem Neigungswinkel von $\beta = 20°$ noch die rein translatorische Gutbewegung bei reduziertem Massenstrom gemäß der DIN 15262 [2] in der Versuchsschnecke aufrecht erhalten, so ist dies nun mit weiter anwachsendem Neigungswinkel nicht mehr möglich. Das nutzbare Kammervolumen wird soweit reduziert, daß ein meßbarer Massenstrom nicht mehr erzielt werden kann. Weiterhin treten nun die Massenstromverluste durch den konstruktiv bedingten Spalt in den Vordergrund.

Dosiert man dem Förderer mehr Material zu, so beginnt das Material, wie zuvor beschrieben, über die Schneckenwelle zu fließen, in Bild 6.8 durch die Pfeile symbolisiert. Die Folge ist, daß die Gutbewegung nicht mehr bestimmt werden kann.

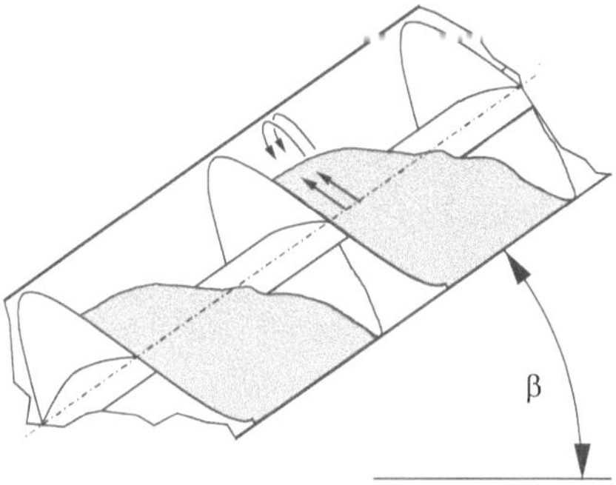

Bild 6.8: Schneckenfüllung im Bereich II; die Pfeile deuten den unvermeidlichen Querstrom über die Schneckenwelle an

Teile der Gutfüllung werden mehr oder minder translatorisch bewegt, überwiegend in den Randbezirken der Aufböschzone (0° < φ_a < 90°) nahe der Rohrinnenwand, da hier die Neigung des Schneckenblechs bezüglich der Horizontalen die größten Werte annimmt (Bild 6.9). Aber auch im Bereich der untersten Mantellinien des Förderrohrs bewegt sich das Material mit einer geringen Geschwindigkeitskomponente in Umfangsrichtung.

Hin zur Schneckenwelle flacht sich die Schneckenblechneigung in der Aufböschzone gegenüber der Horizontalen deutlich ab, siehe Bild 6.9, wodurch das Schüttgut durch die größere Binormalkraftkomponente verstärkt in Umfangsrichtung beschleunigt wird und über die Schneckenwelle fließt.

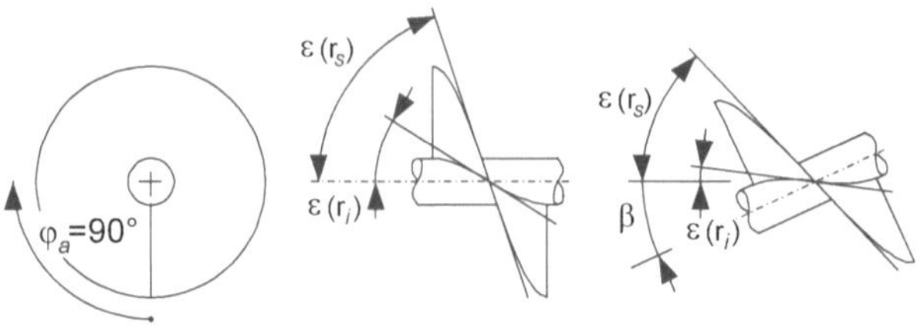

Bild 6.9: *Winkel ε zwischen der Tangente an der Schneckenwendel und der Horizontalen für eine waagrechte (links) und eine geneigte Schnecke (rechts) für die Winkellage φ_a = 90°; r_i bzw. r_s bezeichnen den Wellen- bzw. den Wendelradius*

Grundsätzlich kann man bei geringeren Füllungsgraden ein Ablösen der Schüttgutfüllung von der Rohrinnenwand für $\varphi_a > 90°$ beobachten. Bei höheren Füllungen wird dagegen so viel Fördergut in Umfangsrichtung bewegt, daß auch im Bereich von $90° < \varphi_a < 270°$ das Material die Rohrinnenwand berührt.

Mit wachsendem Winkel β und steigender Drehzahl n_s verstärkt sich der rotatorische Bewegungsanteil der Gutfüllung, wobei nach wie vor Unterschiede im Bewegungsverhalten und hinsichtlich der Gutfüllung, abhängig von der Umfangslage φ_a, zu verzeichnen sind.

Die lokalen Unterschiede werden jedoch immer geringer, so daß ab einer Neigung von $\beta = 50°$ die gesamte Gutfüllung in eine gleichmäßige rotatorische Gutbewegung übergeht.

Was das Bewegungsverhalten betrifft, so ist die Schüttgutförderung durchaus mit der Gutbewegung eines Einzelkörpers im Bereich II zu vergleichen. Für letzteren gilt jedoch, daß kein konkreter Bewegungsfortschritt zu erzielen ist, da der Körper nach der Ablösung von der Rohrinnenwand unkontrolliert über die Schneckenwendel abrutscht. In diesem Punkt unterscheidet sich das Schüttgut vom Einzelkörper. Im

Bereich II kann eine stabile Förderung erzielt werden, wenngleich eine analytische Beschreibung der Bewegung nicht möglich ist.

- Bereich III:

Der Bereich III ist gekennzeichnet durch die rotatorische Bewegung des Förderguts auf einer schraubenförmigen Bahn. Unabhängig von der Winkellage φ_a am Umfang prägt sich eine gleichmäßige Steigung der Schraubenlinie gegenüber einer achs-orthogonalen Ebene aus, woraus auch ein gleichmäßiger Gutquerschnitt entlang dem Umfang resultiert.

In den Bildern 6.10 bis 6.11 sind jeweils für unterschiedliche Neigungswinkel die gemessenen Förderwinkel ψ und die daraus abgeleiteten Axialgeschwindigkeiten v_ζ nach den Gleichungen (4.11) und (4.12) sowie die jeweils berechneten Werte am Beispiel von Weizen dargestellt. Der Vergleich beruht hierbei auf der Übereinstimmung der Massenströme I_m bzw. Füllungsgrade φ von Messung und Berechnung. Die Bilder enthalten jeweils zwei Kennlinien für Förderversuche mit unterschiedlich großen Massenströmen. Meßreihe 1 bezeichnet Versuche bei größeren Massenströmen, Meßreihe 2 hingegen solche bei kleineren Massenströmen. In Kapitel 6.4.2 sind die gemessenen Massenströme in Verbindung mit den Leistungswerten abgebildet.

Für die beiden anderen Versuchsgüter Raps und PET-Kunststoffgranulat ergeben sich analoge Verläufe, was aufgrund der ähnlichen Reibverhältnisse zu erwarten war. Die den Bildern 6.10 bis 6.11 entsprechenden Abbildungen über Verlauf von Förderwinkel ψ und Axialgeschwindigkeiten v_ζ sind im Anhang, Kapitel 10, unter den Bildnummern 10.1 bis 10.4 zu finden.

Zunächst geht aus den Bildern 6.10 und 6.11 hervor, daß zwischen der Drehzahl n_S der Schneckenwelle und der Axialgeschwindigkeit v_ζ ein linearer Zusammenhang besteht, nicht nur für die Vertikalförderung, was bereits aus früheren Untersuchungen hervorgeht, sondern auch bis zu einem Neigungswinkel β von ca. 50°. Für den Vertikalfall nimmt die Axialgeschwindigkeit v_ζ jeweils ein Minimum an.

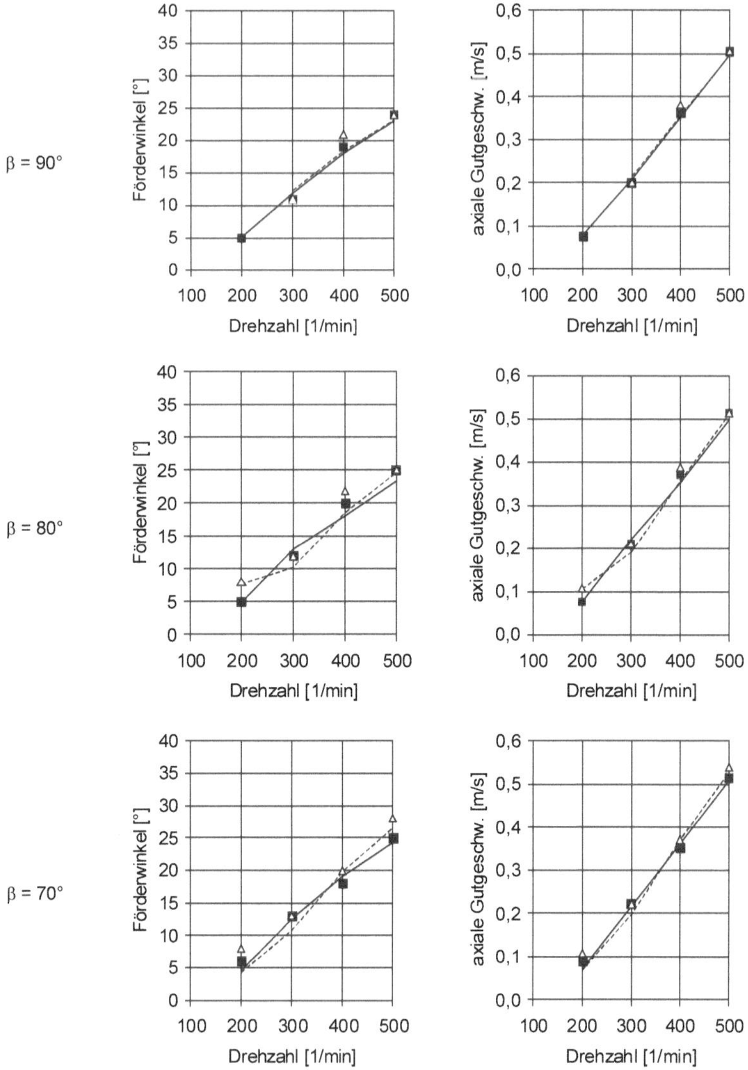

Bild 6.10: Der Förderwinkel ψ und die Gutgeschwindigkeit v_ζ im Bereich III; Fördergut: Weizen; △- Meßreihe 1, ■ - Meßreihe 2, - - - Berechnung zu Meßreihe 1, — Berechnung zu Meßreihe 2

β = 60°

β = 50°

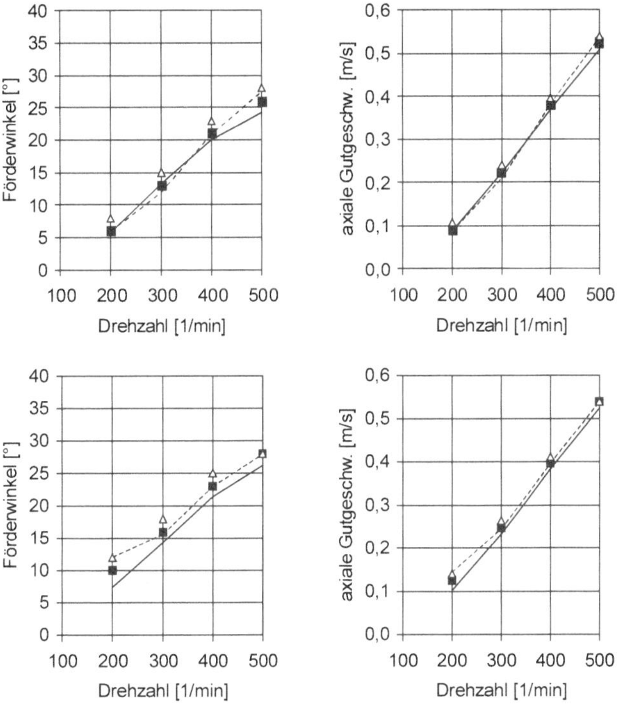

Bild 6.11: Der Förderwinkel ψ und die Gutgeschwindigkeit v_ζ im Bereich III; Fördergut: Weizen; △- Meßreihe 1, ■ - Meßreihe 2, - - - Berechnung zu Meßreihe 1, — Berechnung zu Meßreihe 2

Weizen

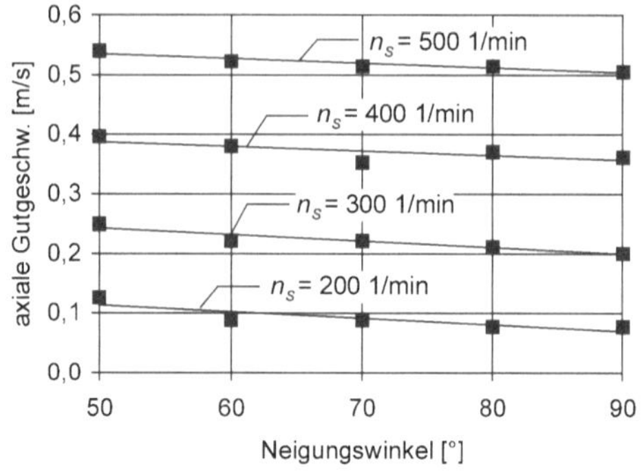

Raps

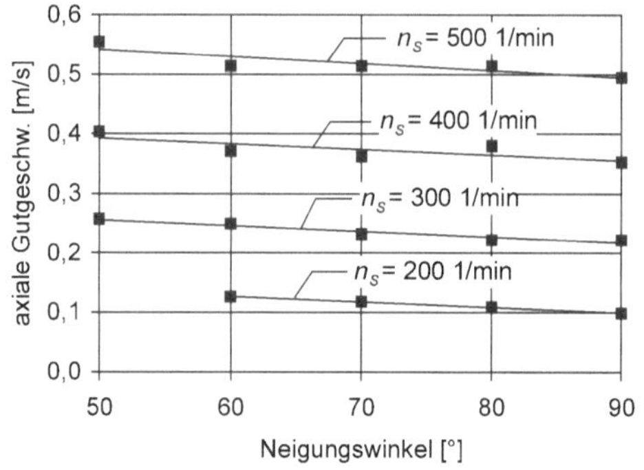

PET

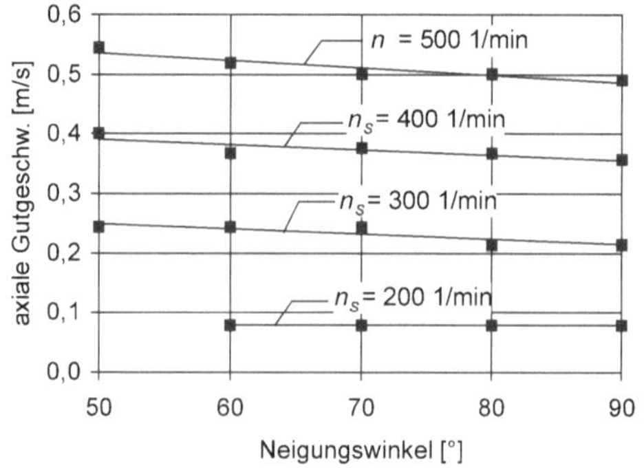

Bild 6.12: Die axiale Gutgeschwindigkeit v_ζ im Bereich III; Neigungswinkel 50° $\leq \beta \leq$ 90°; Fördergüter: Weizen, Raps, PET; ■ - Meßpunkte

Bemerkenswert ist hierbei die verhältnismäßig geringe Änderung der Axialgeschwindigkeit in Abhängigkeit vom Neigungswinkel im betrachteten Drehzahlbereich. Hier ist eine charakteristische, lineare Abnahme der Axialgeschwindigkeit bis zur Vertikalförderung zu verzeichnen. Im Bild 6.12, welches die gemessenen Axialgeschwindigkeiten in Abhängigkeit der Achsneigung β zeigt, ist dies deutlich zu erkennen.

Die Bilder 6.10 und 6.11 beinhalten, wie bereits erwähnt, zusätzlich zu den Meßwerten die Berechnungsergebnisse. Diese zeigen mit Bezug auf die Axialgeschwindigkeit eine gute Übereinstimmung mit den Meßpunkten. Hieraus läßt sich ableiten, daß das gewählte Modell zur Berechnung der Gutbewegung die realen Bewegungsverhältnisse im betrachteten Bereich III gut abbildet. Weiterhin bestätigen die Berechnungsergebnisse die Annahmen, welche bei den Auslegungsparametern getroffen wurden.

Einschränkend ist hierbei jedoch anzumerken, daß im Bereich der niedrigen Schneckendrehzahlen (n_s < 300 1/min) die Grenzen der Gutförderung, wie auch die Grenzen des Berechnungsmodells erreicht werden.

Im Modell wird grundsätzlich davon ausgegangen, daß in der schubspannungsbehafteten Zone ein aktiver Spannungszustand vorherrscht. Bei niedrigen Drehzahlen zeigt sich, daß mit dem angenommenen Spannungsverhältnis λ_a die - wenn auch minimale - reale Gutbewegung nicht mehr nachzuvollziehen ist. Die radialen Reibkräfte, abgeleitet aus der radialen Spannung, würden nicht mehr ausreichen, das Schüttgut gegenüber der Wendel zu verzögern. Durch die Wahl eines größeren Spannungsverhältnisses bei einer Drehzahl n_s = 200 1/min kann dies jedoch ausgeglichen werden, wobei das Spannungsverhältnis nach wie vor im aktiven Bereich liegt. Gleiches konnte Greinwald [58] bei seinen Untersuchungen feststellen.

6.4.3 Leistungsbedarf und Massenstrom

In diesem Kapitel sollen nun die experimentell ermittelten Massenströme I_m und Leistungswerte P_{ges} dargestellt werden. Wo möglich, also in den Bereichen I und III, erfolgt ein Vergleich mit berechneten Werten. Für den Bereich I werden Vergleichswerte auf Basis der DIN 15262 [2] gebildet. Im Bereich III hingegen erfolgt zunächst ein Vergleich mit berechneten Leistungskennwerten, welche aus der Berechnung der Gutbewegung hervorgehen. Hierdurch soll der Einfluß der Leistungsanteile hervorgehoben werden, welche nicht primär aus der Bewegung herrühren, hier insbesondere der Spaltverlust. Zudem sollen die Ergebnisse einer kritischen Diskussion unterzogen werden.

Die gemessenen Leistungen in den Bereichen I bis III repräsentieren die aufgewendeten Antriebsleistungen abzüglich der gemessenen Leistungen im Zulaufbereich, um hier den Einfluß der Zulaufzone zu eliminieren.

- Bereich I:

Im Bereich von $0° \leq \beta \leq 20°$ bewegt sich das Fördergut rein translatorisch fort, sofern die Vorgaben bzw. Einschränkungen aus der DIN 15262 [2] im Hinblick auf die Füllung φ berücksichtigt werden. Innerhalb der Versuche wurde die Füllung stets so gewählt, daß das aufgeböschte Fördergut nicht über die Welle abfließt und einen nicht nutzbaren Querstrom erzeugt, wie dies etwa im Bereich II der Fall ist.

In Bild 6.13 sind die gemessenen Massenströme I_m für das Versuchsgut Weizen sowie die hierfür aufgewendeten Antriebsleistungen P_{ges} abgebildet.

Weiterhin enthalten die Diagramme die den Massenströmen zugeordneten, auf Basis der DIN 15262 [2] ermittelten Leistungskennwerte mit einem Verschiebewiderstandsbeiwert λ_{Weizen} = 1,9.

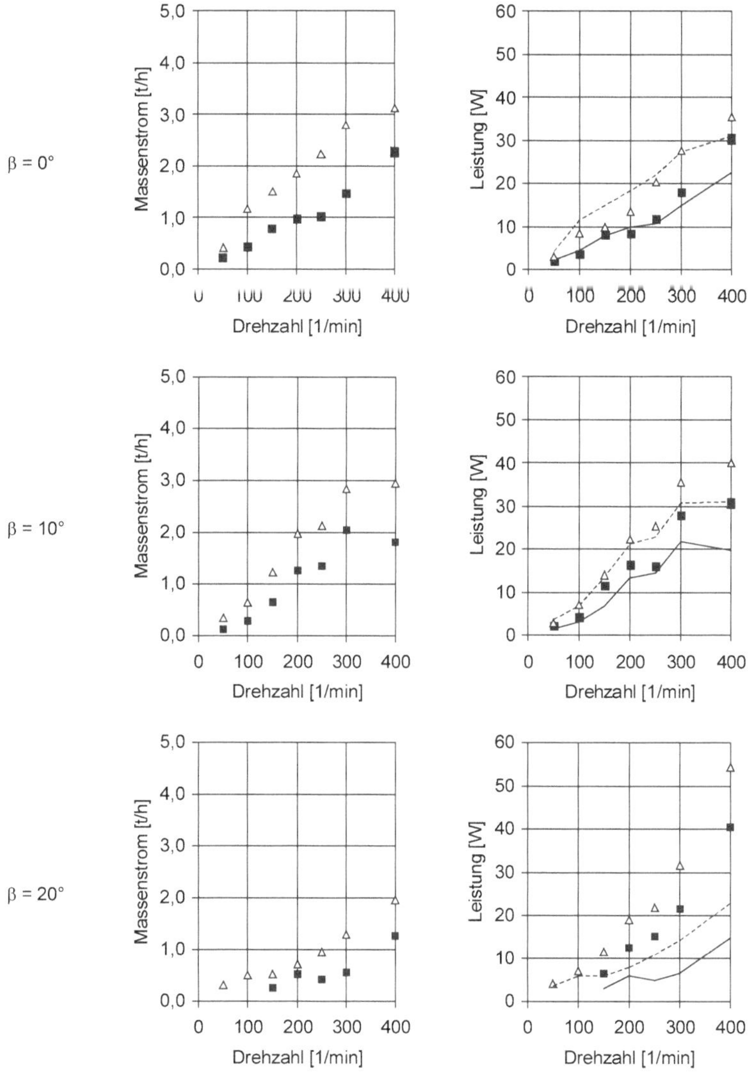

Bild 6.13: Der Massenstrom I_m und Leistungsbedarf P_{ges} im Bereich I; Fördergut: Weizen; △- Meßreihe 1, ■ - Meßreihe 2, - - - Berechnung zu Meßreihe 1, — Berechnung zu Meßreihe 2

Hieraus geht hervor, daß die Norm durchaus zufriedenstellende Leistungskennwerte ermittelt.

Insbesondere gilt dies für die horizontale Förderung (Bild 6.13). Dort liegen die gemessenen Leistungskennwerte stets unter bzw. nahe an den berechneten Kennwerten, wobei sich hier Vorteile für die stärker gefüllte Schnecke (Meßreihe 1) ergeben. Bei geringerer Füllung (Meßreihe 2) überschreiten die gemessenen Leistungswerte ab der empfohlenen Grenzdrehzahl ca. n_s = 200 1/min [2] die berechneten Werte, bei größerer Füllung (Meßreihe 1) etwas später.

Mit zunehmendem Neigungswinkel β treten Effekte auf, die den Leistungsbedarf erhöhen, wobei der nun vorhandene Hubanteil hier nicht die entscheidende Rolle spielt. Vielmehr zeigt hier der Verlust durch den praktisch unvermeidlichen Rückstrom im Spalt seinen Einfluß. In Bild 6.13, Neigungswinkel β = 10°, ist zu erkennen, daß für die größere Füllung (Meßreihe 1) die Auslegung nach Norm noch mit guter Genauigkeit zutrifft, bei kleinerer Füllung (Meßreihe 2) dagegen nicht mehr, da hier der stete Gutrückfluß stark an Bedeutung gewinnt.

Dem Bild 6.13, Neigungswinkel β = 20°, ist zu entnehmen, daß für den vorliegenden Förderfall die Berechnungsvorschrift nicht mehr zutrifft. Hier wirken mehrere Effekte zusammen. So beträgt die Spaltweite zwischen Wendel und Trog bei der eingesetzten Versuchsschnecke durchschnittlich 5 mm. In Verbindung mit dem Schneckendurchmesser von lediglich d_s = 100 mm und der neigungsbedingten Reduzierung des Füllungsgrads tritt somit der starke Einfluß des Rückstroms hervor und führt zu dem hohen, durch die Berechnungsvorschrift nicht abgedeckten Leistungsbedarf. Konstruktiv könnte durch eine Reduzierung der Spaltweite der Rückstrom reduziert und der Leistungsbedarf optimiert werden.

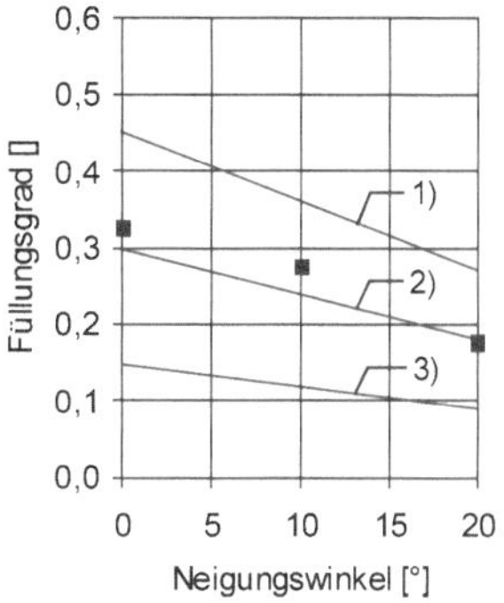

Bild 6.14: Empfohlene Füllgrade nach DIN 15262 für: leicht fließende (1), mäßig schleißende (2) und stark schleißende (3) Güter; ▪ - erzielte Füllgrade bei Vermeidung eines Querstroms im Bereich I für das Fördergut Weizen

In Bild 6.14 sind die an der Versuchsanlage eingestellten maximalen Füllgrade φ für das Fördergut Weizen im Bereich I abgebildet, bei denen das Gut gerade nicht über die Schneckenwelle fließt. Die eingestellten Werte liegen hier unter den Vorgaben der DIN 15262 [2] für horizontale und leicht geneigte Förderschnecken, welche als durchgezogene Linien für verschiedene Stoffgruppen aufgetragen sind.

Die mit (1) gekennzeichnete Linie beschreibt den empfohlenen Füllungsgrad für leicht fließende, kaum schleißende Fördergüter, zu denen, laut Norm, Getreide zählt.

Für die Förderversuche mit Raps und den Berechnungen auf Basis der Meßwerte gilt prinzipiell der gleiche Sachverhalt, was dem Bild 6.15 zu entnehmen ist. Auch hier zeigt sich die Tendenz, daß der Leistungsbedarf für die horizontale und leicht geneigte Förderung bei $\beta = 10°$ durch die Normvorgaben gut abgedeckt wird. Bei einer Neigung von $\beta = 20°$ stößt auch hier die Berechnung an die Grenzen, welche durch die Parameter der Norm, speziell den Verschiebewiderstandsbeiwert λ, vorgegeben sind.

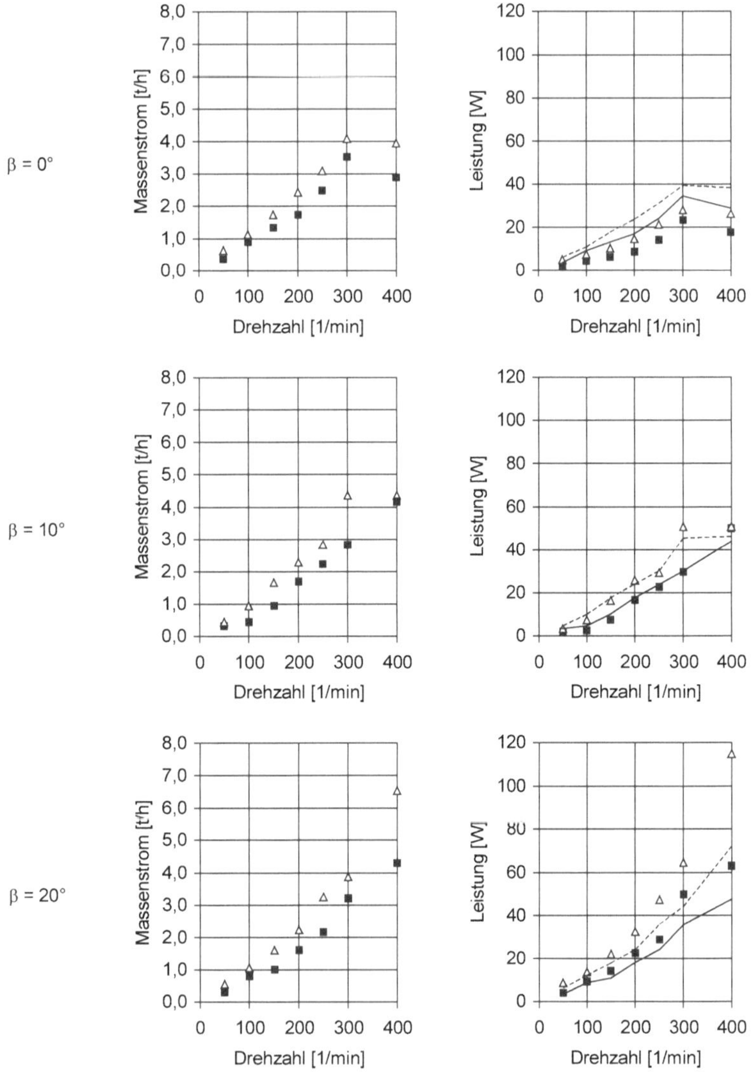

Bild 6.15: Der Massenstrom I_m und Leistungsbedarf P_{ges} im Bereich I; Fördergut: Raps; △- Meßreihe 1, ■ - Meßreihe 2, - - - Berechnung zu Meßreihe 1, — Berechnung zu Meßreihe 2

Dieser wird in der Norm nicht explizit für Raps aufgeführt, wodurch auf einen Wert von $\lambda = 1{,}9$ zurückgegriffen wird, der für eine Reihe von Getreidesorten und -produkte gültig ist.

Wie schon bei Weizen treten hier die Verluste durch den Gutrückstrom im Spalt hervor. Bemerkenswert ist, daß im Fall von Raps die Füllung der Schnecke über der von Weizen liegt, ohne daß Material über die Welle geworfen wird, was in Bild 6.16 zu sehen ist.

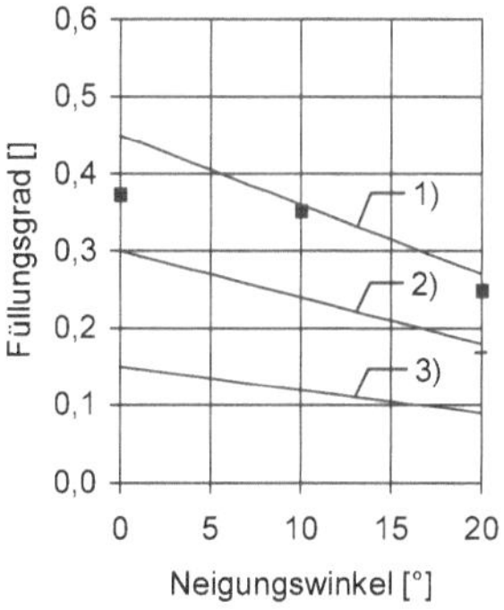

Bild 6.16: Empfohlene Füllgrade nach DIN 15262 für leicht fließende (1), mäßig schleißende (2) und stark schleißende (3) Güter; ▪ - erzielte Füllgrade bei Vermeidung eines Querstroms im Bereich I für das Fördergut Raps (β = 0° u. 10°- Meßreihe 1; β = 20°- Meßreihe 2; n_s = 200 1/min)

In Bild 6.17 sind die gemessenen Massenströme I_m und die Leistungswerte P_{ges} für das Schüttgut PET-Kunststoffgranulat abgebildet. Es ist anzumerken, daß für PET im Bereich I nur eine Meßreihe aufgenommen wurde.

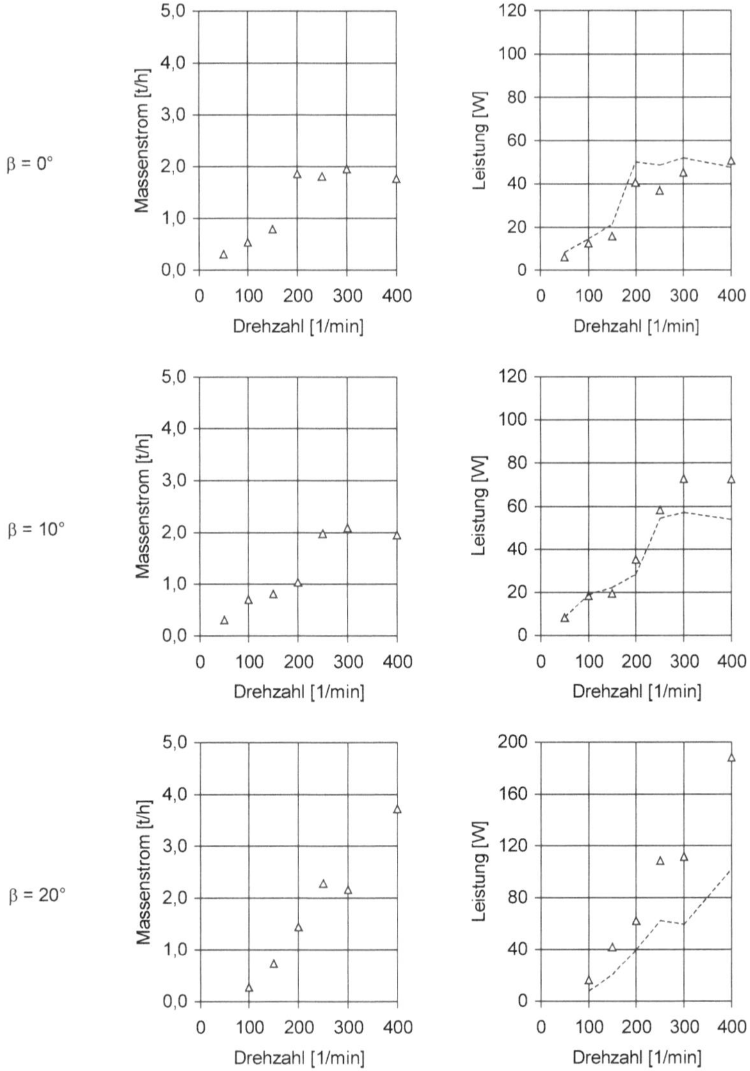

Bild 6.17: *Der Massenstrom* I_m *und Leistungsbedarf* P_{ges} *im Bereich I; Fördergut: PET;* △*- Meßwert, - - - berechneter Wert mit* $\lambda = 4,0$

Für dieses Schüttgut existiert im Gegensatz zu Weizen und anderen Getreidearten kein Verschiebewiderstandsbeiwert λ. Dieser muß daher aus den Versuchen bestimmt werden.

Mit einem gewählten Wert von λ_{PET} = 4,0 ergeben sich die berechneten Leistungswerte in Bild 6.17. Der Vergleich mit den Meßwerten zeigt, daß sich für den gewählten Verschiebewiderstandsbeiwert gute Ergebnisse bei β = 0° und β = 10° ergeben, wogegen für β = 20° der gewählte Kennwert nicht mehr ausreicht. Um hier noch eine Übereinstimmung von Meßwerten mit berechneten Werten zu erzielen, müßte der Verschiebewiderstandsbeiwert für PET-Kunststoffgranulat deutlich über dem gewählten Wert liegen.

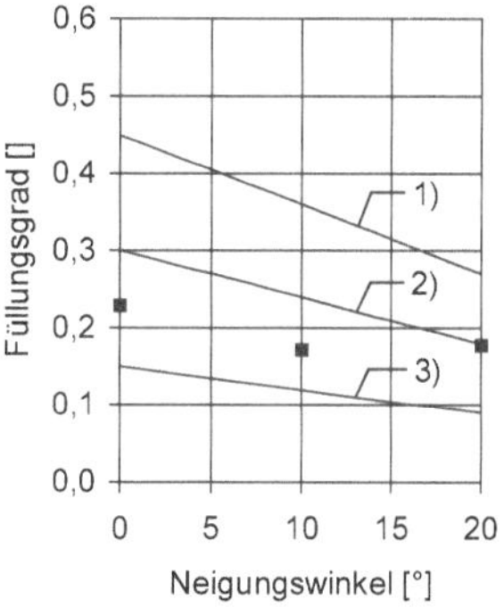

Bild 6.18: Empfohlene Füllgrade nach DIN 15262 für leicht fließende (1), mäßig schleißende (2) und stark schleißende (3) Güter; ▪ - erzielte Füllgrade bei Vermeidung eines Querstroms im Bereich I für das Fördergut PET (β = 0° - n_s = 200 1/min; β = 10° - n_s = 100 1/min; β = 20° - n_s = 200 1/min)

In Bild 6.18 sind die maximal erzielten Füllgrade bei PET-Kunststoffgranulat dargestellt. Hier zeigt sich, daß sich die Werte im Rahmen dessen bewegen, was die Norm für mäßig schleißende Schüttgüter empfiehlt.

- Bereich II:

Entgegen der Einzelkörpertheorie [33] kann hier Schüttgut gefördert werden, was durch die nachfolgende Darstellung der Meßergebnisse dokumentiert wird. Die Bilder 6.19 bis 6.21 zeigen die erzielten Massenströme I_m und die hierbei gemessenen Leistungen P_{ges} für die Versuchsgüter Weizen, Raps und PET-Kunststoffgranulat bei Neigungswinkeln von $\beta = 30°$ und $\beta = 40°$.

In den Bildern sind jeweils die Ergebnisse von zwei Meßreihen zu sehen, die sich durch die eingestellten Füllungsgrade unterscheiden. Insgesamt wurde versucht, den Füllungsgrad φ qualitativ auf maximal 50 bis 60 % zu beschränken, um die Gefahr des Verstopfens vor dem Zwischenlager zu vermeiden.

Zur Charakterisierung des Förderverhaltens im Bereich II kann dabei festgehalten werden, daß kein unmittelbarer Zusammenhang zwischen Füllungsgrad und Massenstrom besteht, wie etwa in den Bereichen I und III, da das Bewegungsverhalten nicht zu klären ist. Es bleibt jedoch der Eindruck, daß jeweils für die höhere Füllung ein besseres Förderverhalten erreicht werden konnte.

Im Bereich II existiert für die Drehzahl eine Mindestgrenze, welche zur Aufrechterhaltung der Förderung nötig ist. So kann bei n_s = 50 1/min gerade noch für Weizen ein geringer Massenstrom bei $\beta = 30°$ und $\beta = 40°$ erzielt werden. Mit dem Fördergut Raps kann bei einer Schneckendrehzahl von n_s = 50 1/min lediglich bei einer Neigung von $\beta = 30°$ ein geringer Massenstrom erzielt werden. Für PET-Kunststoffgranulat liegt die Untergrenze für die Drehzahl bereits bei n_s = 100 1/min.

Analog zum Bereich I zeigt sich ein deutlicher Unterschied zwischen Getreide und Kunststoffgranulat, was die aufzuwendende Leistung zur Förderung einer bestimmten Menge Schüttgut betrifft. Der Leistungsbedarf bei PET-Kunststoffgranulat liegt deutlich über dem von Getreide. In Kapitel 6.4.4 wird dies noch anhand des spezifischen Leistungsbedarfs deutlich.

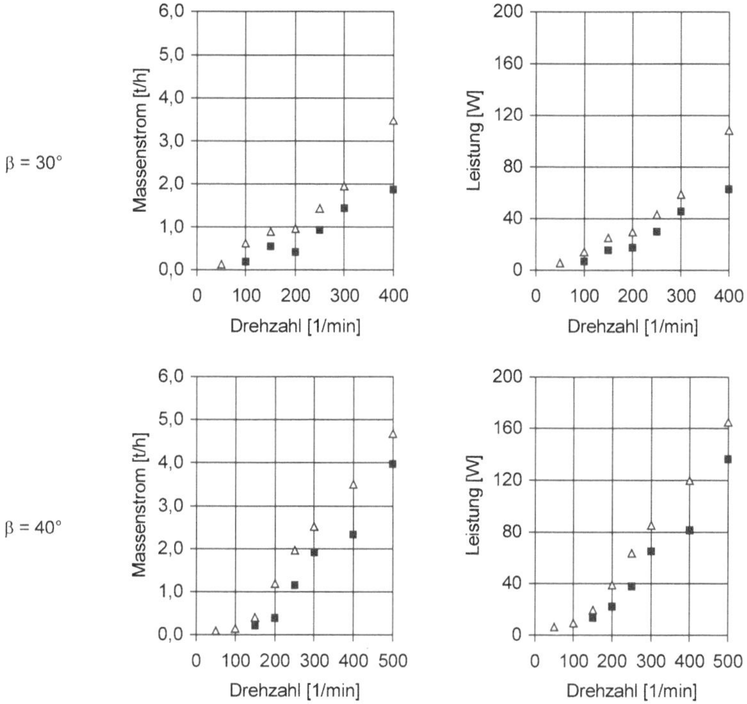

Bild 6.19: Der Massenstrom I_m und Leistungsbedarf P_{ges} im Bereich II; Fördergut: Weizen; △- Meßreihe 1, ■ - Meßreihe 2

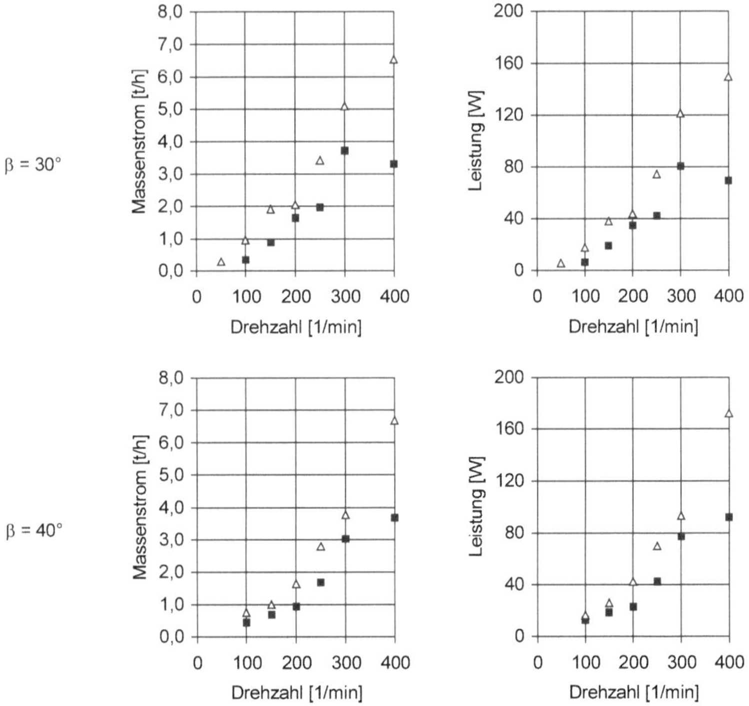

Bild 6.20: Der Massenstrom I_m und Leistungsbedarf P_{ges} im Bereich II; Fördergut: Raps; △- Meßreihe 1, ■ - Meßreihe 2

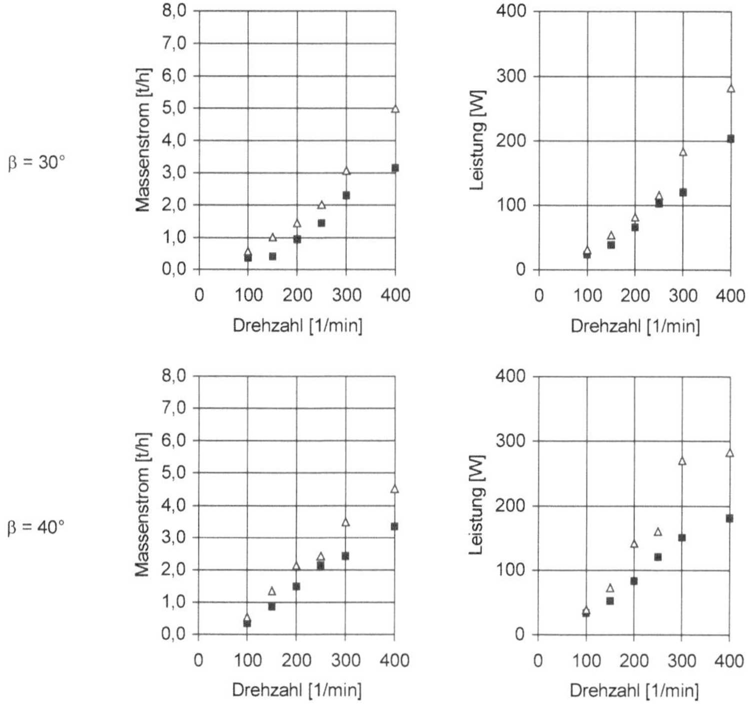

Bild 6.21: Der Massenstrom I_m und Leistungsbedarf P_{ges} im Bereich II; Fördergut: PET; △- Meßreihe 1, ■ - Meßreihe 2

- Bereich III:

Das Schüttgut bewegt sich im Bereich III auf einer gleichförmigen Bahn entlang einer Schraubenlinie, deren Charakteristik in Abhängigkeit der Betriebs-, Stoff- und Konstruktionsparameter bereits in Kapitel 5.4.2 beschrieben wurde.

In den Bildern 6.22 bis 6.25 sind nun die gemessenen Masseströme I_m und Leistungen P_{ges} für die Schüttgüter Weizen (Bilder 6.22 und 6.23) und PET-Kunststoffgranulat (Bilder 6.24 und 6.25) in Abhängigkeit der Schneckendrehzahl n_s bei festen Neigungswinkeln von $50° \leq \beta \leq 90°$ zu entnehmen. (Die Bilder mit den Ergebnissen für Raps finden sich im Anhang unter den Bildnummern 10.5 und 10.6).

Weiterhin enthalten die Bilder die jeweils aus der Gutbewegung ermittelten theoretischen Leistungen, berechnet mit dem entwickelten Berechnungsmodell unter Vorgabe des gemessenen Massenstroms I_m. Unter der theoretischen Leistung ist hierbei die Summe aus

- der Hubleistung und
- den Reibleistungen an der Kammerberandung bzw. im Gutinneren

zu verstehen.

Wie auch bei den Messungen im Bereich II wurde während der Versuche darauf geachtet, daß der maximale Füllungsgrad φ so eingestellt wurde, daß in der Förderstrecke keine Gutstauungen auftraten. Besonders im Bereich des Gutzulaufs mit dem konischen Schneckenabschnitt und im Bereich des Zwischenlagers besteht aufgrund der Querschnittsverengung die Gefahr des Verstopfens.

Mit anwachsendem Neigungswinkel β wirkte die Zulaufkonstruktion als begrenzendes Element. Bei Raps und Weizen ist ein deutlicher Unterschied im Zulaufverhalten zwischen der Steil- und der Vertikalförderung zu erkennen.

Bei PET- Kunststoffgranulat ist ebenfalls eine deutliche Reduktion der Fördermenge in Abhängigkeit des Neigungswinkels festzustellen. Für die Vertikalposition der Förderschnecke kann mit der eingesetzten Zulaufkonstruktion, verglichen mit Getreide, nur ein geringer Massenstrom erzielt werden.

Weiterhin ist zu erkennen, daß qualitativ der gemessene Leistungsbedarf stets den Verläufen des gemessenen Massenstroms folgt. Für das PET-Kunststoffgranulat liegen die Leistungen, bezogen auf den geförderten Massenstrom, deutlich über denen bei Getreide. Rückschlüsse hieraus werden im Kapitel 6.4.4 dargelegt, das sich mit einem bezogenen Leistungskennwert befaßt, dem spezifischen Leistungsbedarf.

Neben der Darstellung der experimentellen Ergebnisse sollen die Bilder zusätzlich einen Eindruck über die Gewichtung bzw. Bedeutung der einzelnen Leistungsanteile vermitteln, was im Hinblick auf die Berechnung/Abschätzung des Gesamtleistungsbedarfs (Kapitel 6.4.5) wichtig ist.

So zeigt sich, daß der oben bezeichnete theoretische Leistungsbedarf stets nur einen Bruchteil der tatsächlich zur Förderung aufzuwendenden Leistung abdeckt. Basierend auf den Erkenntnissen aus den Förderversuchen beinhaltet die Differenz zwischen den abgebildeten Meß- und Rechenwerten hauptsächlich den Spaltverlust infolge von Klemmung und/oder Zerstörung von Fördergut zwischen Wendel und Rohrinnenwand.

Die Getreidesorten Raps und Weizen zeigen ein annähernd gleiches Verhältnis von Gesamt- zu idealem Leistungsbedarf. Hiervon weicht das PET-Kunststoffgranulat deutlich ab. Da sich das PET-Kunststoffgranulat als nahezu unzerstörbares Material erweist, kann der Spalteffekt infolge von Gutklemmung und -zerstörung als der maßgebende Parameter zur Leistungsbestimmung, neben den oben genannten Leistungsanteilen, angesehen werden.

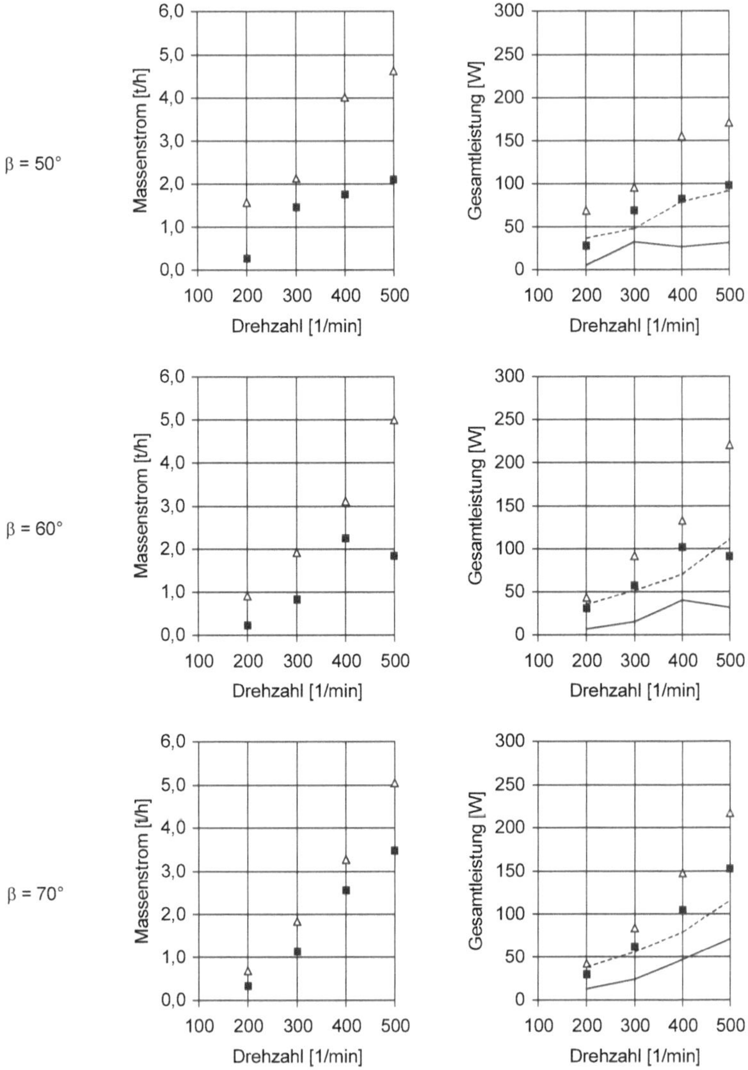

Bild 6.22: Der Massenstrom I_m und Leistungsbedarf P_{ges} im Bereich III; Fördergut: Weizen; △- Meßreihe 1, ■ - Meßreihe 2, - - - theoretische Leistung zu Meßreihe 1, — theoretische Leistung zu Meßreihe 2

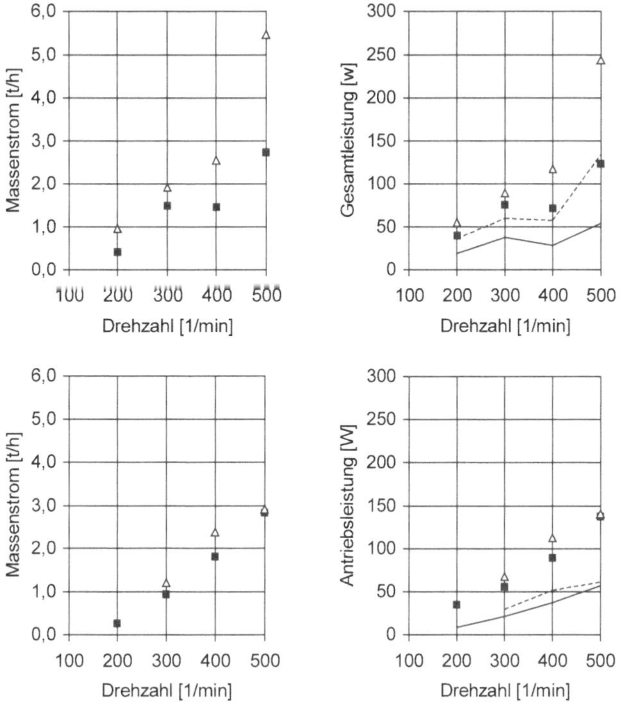

Bild 6.23: Der Massenstrom I_m und Leistungsbedarf P_{ges} im Bereich III; Fördergut: Weizen; △- Meßreihe 1, ■ - Meßreihe 2, - - - theoretische Leistung zu Meßreihe 1, — theoretische Leistung zu Meßreihe 2

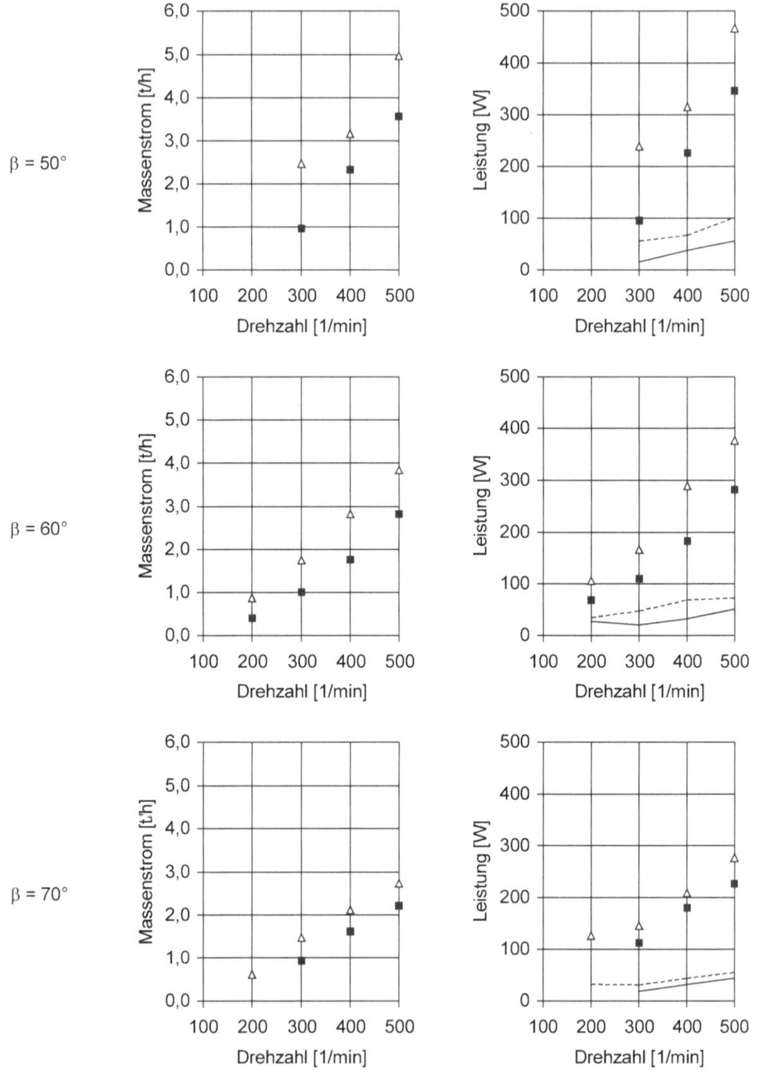

Bild 6.24: Der Massenstrom I_m und Leistungsbedarf P_{ges} im Bereich III; Fördergut: PET; △- Meßreihe 1, ■ - Meßreihe 2, - - - theoretische Leistung zu Meßreihe 1, — theoretische Leistung zu Meßreihe 2

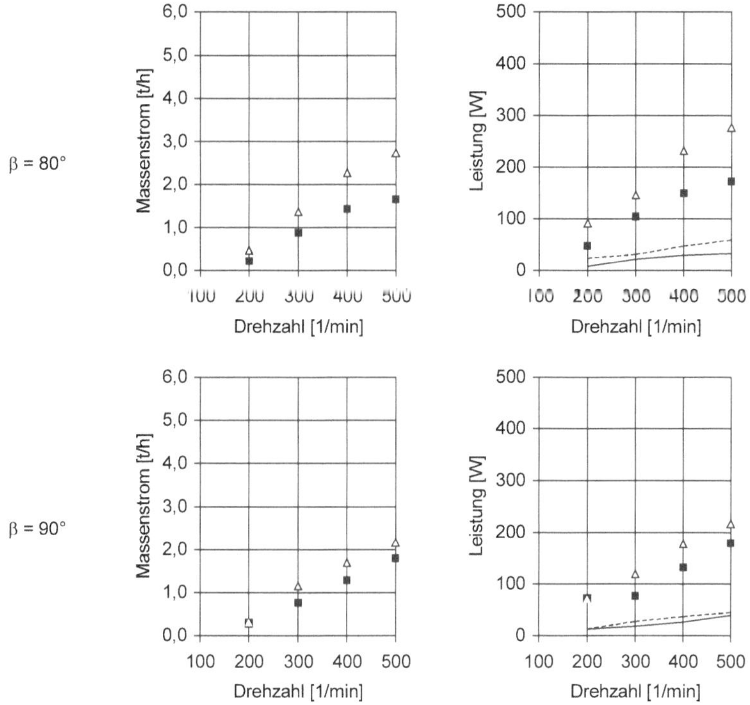

Bild 6.25: Der Massenstrom I_m und Leistungsbedarf P_{ges} im Bereich III; Fördergut: PET; △- Meßreihe 1, ■ - Meßreihe 2, - - - theoretische Leistung zu Meßreihe 1, — theoretische Leistung zu Meßreihe 2

6.4.4 Der spezifische Leistungsbedarf

Bereits aus den bisher dargelegten experimentellen Ergebnissen sind einige Charakteristiken von Schneckenförderern abzuleiten, insbesondere die Einteilung in drei Bereiche im Hinblick auf die Gutbewegung.

Als Nachteil ist hier festzustellen, daß es sich im Prinzip um eine Darstellung von einzelnen Meßpunkten bzw. Meßreihen handelt, erzielt unter unterschiedlichen Randbedingungen, also Neigung, Schneckendrehzahl etc.. Die Darstellung erweist sich dadurch in ihrer Gesamtheit als unübersichtlich und die Beurteilung der Zusammenhänge als schwierig, speziell mit Bezug auf die wichtige Zielgröße Leistungsbedarf.

Um hier eine zusammenhängende Einschätzung und Bewertung der Meßergebnisse vorzunehmen, sind diese einer näheren Betrachtung zu unterziehen. Als besonders aussagekräftiges Kriterium zeigt sich der sogenannte spezifische Leistungsbedarf P_{spez}. Dieser Kennwert ist der Quotient aus der gemessenen Antriebsleistung P_{ges} und dem dabei erzielten Massenstrom I_m, wobei der erzielte Wert zusätzlich auf eine Förderlänge von l = 1 m normiert sei. Die Länge der Meßstrecke beträgt dabei ohne den Zulaufbereich l_{ges} = 1,9 m:

$$P_{spez} = \frac{P_{ges}}{I_m \cdot l_{ges}} \quad \left[\frac{Wh}{tm}\right] \qquad (6.6)$$

Die nachfolgenden Abbildungen zeigen den spezifischen Leistungsbedarf. Verdeutlicht werden soll der Einfluß der Parameter Neigung β und Schneckendrehzahl n_s, hier bei den Schüttgütern Weizen und PET-Kunststoffgranulat.

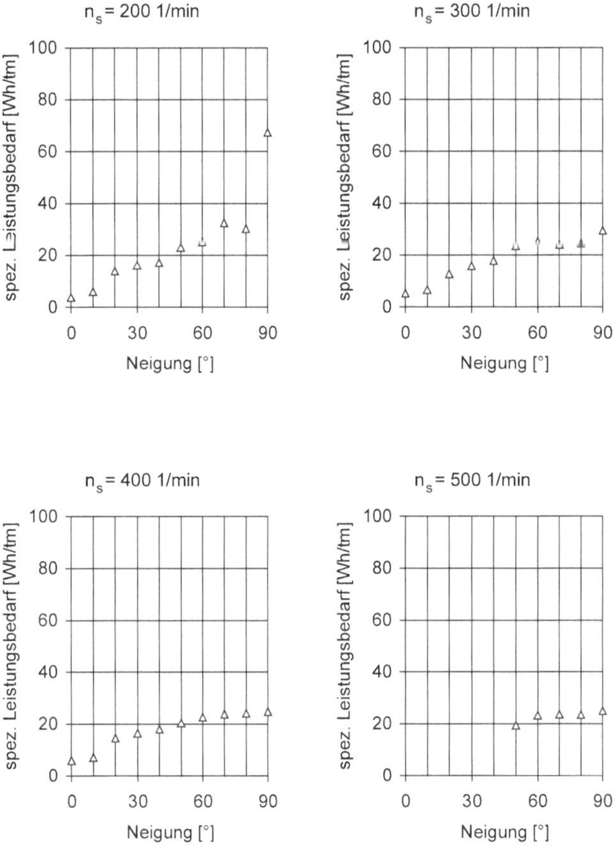

Bild 6.26: Der spezifische Leistungsbedarf P_{spez} für unterschiedliche Schneckendrehzahlen n_s; Fördergut: Weizen; Neigungswinkel $0 \leq \beta \leq 90°$

Aus Bild 6.26 für das Fördergut Weizen können nun eine Reihe von Erkenntnissen abgeleitet werden. So steigt der spezifische Leistungsbedarf in den Bereichen I und II stetig an. Für die geringe Drehzahl von n_s = 200 1/min setzt sich dieser Trend auch noch im Bereich III fort.

Mit Bezug auf die Ausführungen über den Massenstrom erscheint dies auch als sinnvoll, nimmt doch im Bereich I die Füllung der Schneckenkammer ab, um die Kriterien der Norm [2] einzuhalten, wobei gleichzeitig ein merklicher Rückstrom im Spalt festzustellen ist. Demgegenüber muß im Bereich II die Füllung wieder erhöht werden, damit der Fördervorgang aufrecht erhalten werden kann. Im Bereich III stellt die geringe Drehzahl von n_s = 200 1/min die Grenzdrehzahl dar, die eine Förderung überhaupt erst ermöglicht. Entsprechend sind die Nebenverluste zu gewichten, wie z.B. Rückstromverluste im Spalt, die sich in einem hohen spezifischen Leistungsbedarf widerspiegeln.

Die eben genannten Aussagen treffen auch bei höheren Drehzahlen auf die Bereiche I und II zu, hingegen nicht mehr für den Bereich III. Dieser unterscheidet sich hier deutlich von den beiden anderen. Der spezifische Leistungsbedarf bleibt hier nahezu konstant, unabhängig von Drehzahl und Neigungswinkel.

Betrachtet man die axiale Gutgeschwindigkeit (vgl. Bild 6.12) im Bereich III, so erscheint dies plausibel, schließlich verringert sich die axiale Gutgeschwindigkeit vom steilen bis zum vertikalen Förderfall in einem begrenzten Rahmen, was sich insgesamt auch auf den Leistungsbedarf auswirkt.

Für das Fördergut Raps ergeben sich analoge Verläufe des spezifischen Leistungsbedarfs, welcher im Bereich III etwa die gleiche Größenordnung annimmt wie bei Weizen. Gemäß den Meßergebnissen aus Kapitel 6.4.3, liegt der spezifische Leistungsbedarf für das Fördergut PET-Kunststoffgranulat deutlich über jenem von Getreide infolge der besonderen Stoffeigenschaften.

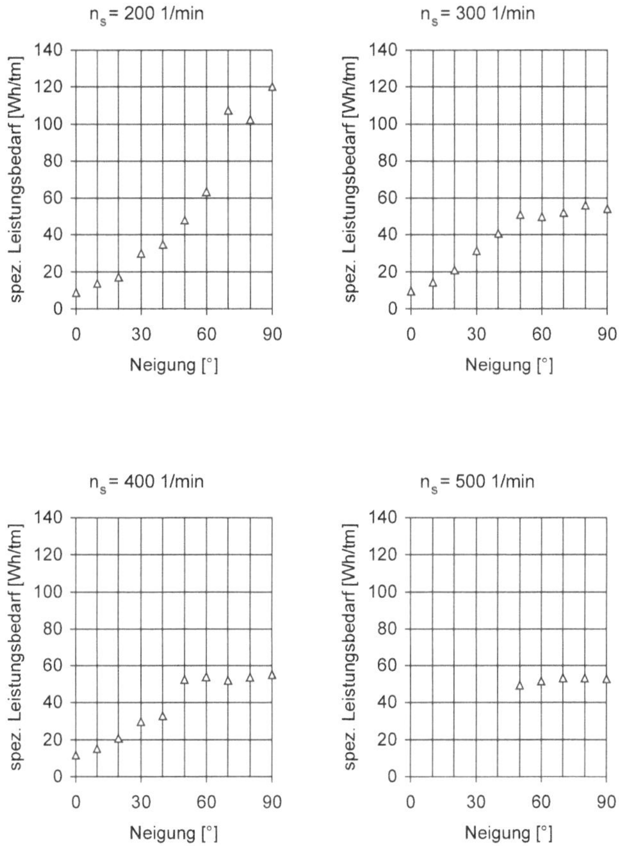

Bild 6.27: Der spezifische Leistungsbedarf P_{spez} für unterschiedliche Schneckendrehzahlen n_s; Fördergut: PET; Neigungswinkel $0 \leq \beta \leq 90°$

Bild 6.27 zeigt den Verlauf des spezifischen Leistungsbedarfs bei PET-Kunststoffgranulat in Abhängigkeit der Drehzahl n_s und der Neigung β. Prinzipiell ist der gleiche Sachverhalt wie bei Getreide zu erkennen, jedoch bei deutlich höherem Leistungsniveau.

Auch bei PET-Kunststoffgranulat flacht der Verlauf des spezifischen Leistungsbedarfs mit steigendem Winkel β ab, so daß im Bereich III ein nahezu konstanter spezifischer Leistungsbedarf von P_{spe} = 51 Wh/tm bis P_{spez} = 55 Wh/tm zu verzeichnen ist. Demgegenüber liegt der spezifische Leistungsbedarf bei Getreide im Bereich III lediglich zwischen P_{spez} = 20 Wh/tm bis P_{spez} = 24 Wh/tm.

Interessant erscheint in diesem Zusammenhang die Betrachtung des spezischen Leistungsbedarfs aus anderen Untersuchungen zu Vergleichszwecken. Aus den Angaben von Gabler [41] läßt sich für Raps ein spezifischer Leistungsbedarf ermitteln, der ebenfalls im Bereich von P_{spez} = 20 Wh/tm liegt. Der Neigungswinkel reicht von β = 60° bis β = 90°. Nier [13] untersuchte ebenfalls die Förderung von Weizen vor dem Hintergrund der Zulaufproblematik. Die Meßergebnisse deuten hier auch auf ein annähernd gleichmäßiges Verhältnis von Leistung und Massenstrom. Der spezifische Leistungsbedarf liegt für die Vertikalschnecke aber deutlich über P_{spez} = 30 Wh/tm. Es ist anzumerken, daß hierbei eine sehr kleine Schnecke mit einem Durchmesser von 71 mm bei einer Spaltweite von s = 8,5 mm eingesetzt wurde.

Greinwald [90] unternahm Leistungs- und Massenstrommessungen an einem Schiffsentlader für Alumina in Kanada mit einer Nennentladeleistung von 600 t/h. Innerhalb der Versuche wurden Massenströme bis 750 t/h erreicht, wobei der spezifische Leistungsbedarf nahezu konstant bei P_{spez} = 32 Wh/tm lag. Die Auslegung dieser Anlage erfolgte mit einem spezifischen Leistungsbedarf von P_{spez} = 40 Wh/tm.

6.4.5 Abschätzung des Leistungsbedarfs im Bereich III

Dieses Kapitel befaßt sich mit der rechnerischen Abschätzung des Leistungsbedarfs nach der Gleichung (5.106). Hierbei besteht grundsätzlich folgende Problematik: Die Gesamtleistung setzt sich aus verschiedenen Leistungsanteilen zusammen, wobei einzelne Anteile nicht oder nur mittelbar bestimmt werden können, da sie sich aus unterschiedlichen Gründen einer exakten Berechnung entziehen, wobei hier der Spalteinfluß durch Gutklemmung hervorzuheben ist. Hier wird der Weg beschritten, über eine berechenbare Größe, die Normalkraft auf die Rohrinnenwand, und einen experimentell zu ermittelnden Kennwert, den Förderfaktor, die wesentlichen Leistungsanteile pauschal zu bestimmen.

Bild 6.28 beinhaltet den Vergleich von gemessenen und errechneten Leistungswerten für das Fördergut Weizen. Für den Förderfaktor wurde hier innerhalb der Berechnung ein Wert von ϕ = 1,8 eingesetzt, da es hierfür bislang keine Kennwerte gibt. Der Kennwert wurde so festgelegt, daß die berechneten Vergleichswerte für die Gesamtleistung größer oder gleich den gemessenen Leistungskennwerten sind.

Das Bild 6.28 enthält jeweils zwei Leistungsverläufe in Abhängigkeit der Drehzahl, die bei jeweils unterschiedlichen Massenströmen ermittelt wurden (vgl. diesbezüglich Bild 6.23). Dabei fällt auf, daß bei geringen Massenströmen die berechneten Leistungswerte gerade die gemessenen Leistungen abdecken, wogegen bei größeren Massenströmen die berechneten Leistungen deutlich über den Meßwerten liegen.

Somit deckt der gewählte Förderfaktor auch ungünstige Parameterkonfigurationen ab, insbesondere niedrige Massenströme bzw. Füllgrade. Für hohe Füllgrade ist demnach ein Förderfaktor ϕ zu wählen, der unter dem verwendeten Wert liegt. Dies bedeutet, daß der Förderfaktor stets im Zusammenhang mit der Schneckenkammerfüllung anzugeben ist.

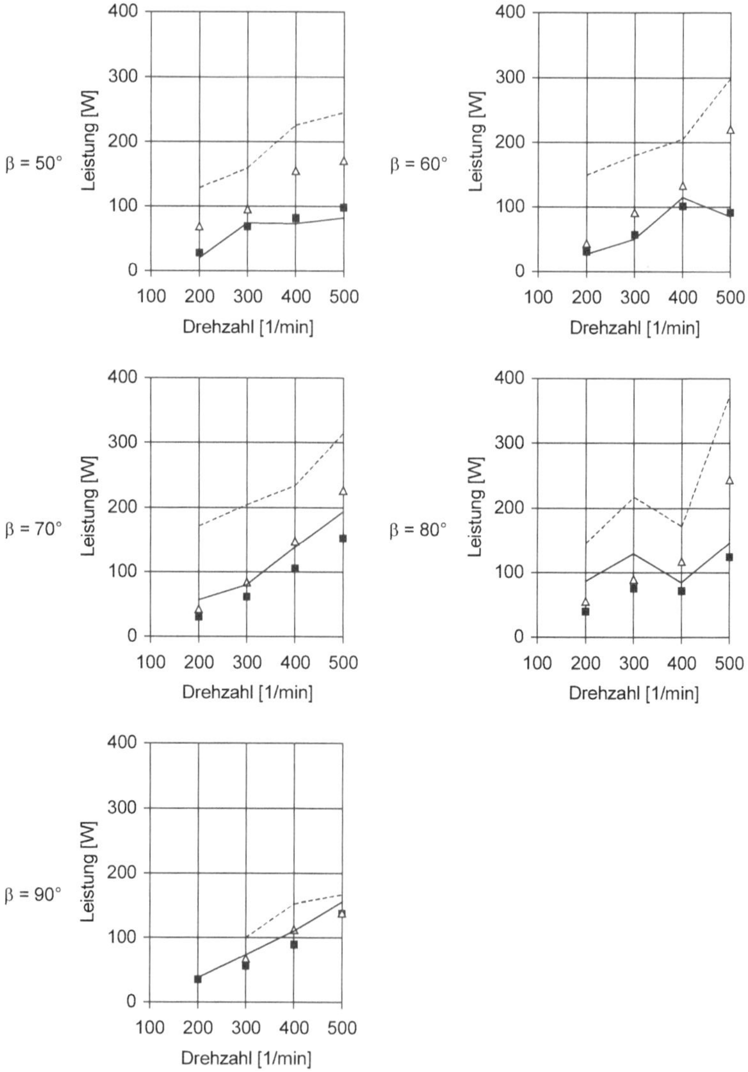

Bild 6.28: Vergleich des gemessenen und berechneten Leistungsbedarfs P_{ges}; Fördergut: Weizen; △- Meßreihe 1, ■ - Meßreihe 2, - - - Berechnung zu Meßreihe 1, — Berechnung zu Meßreihe 2

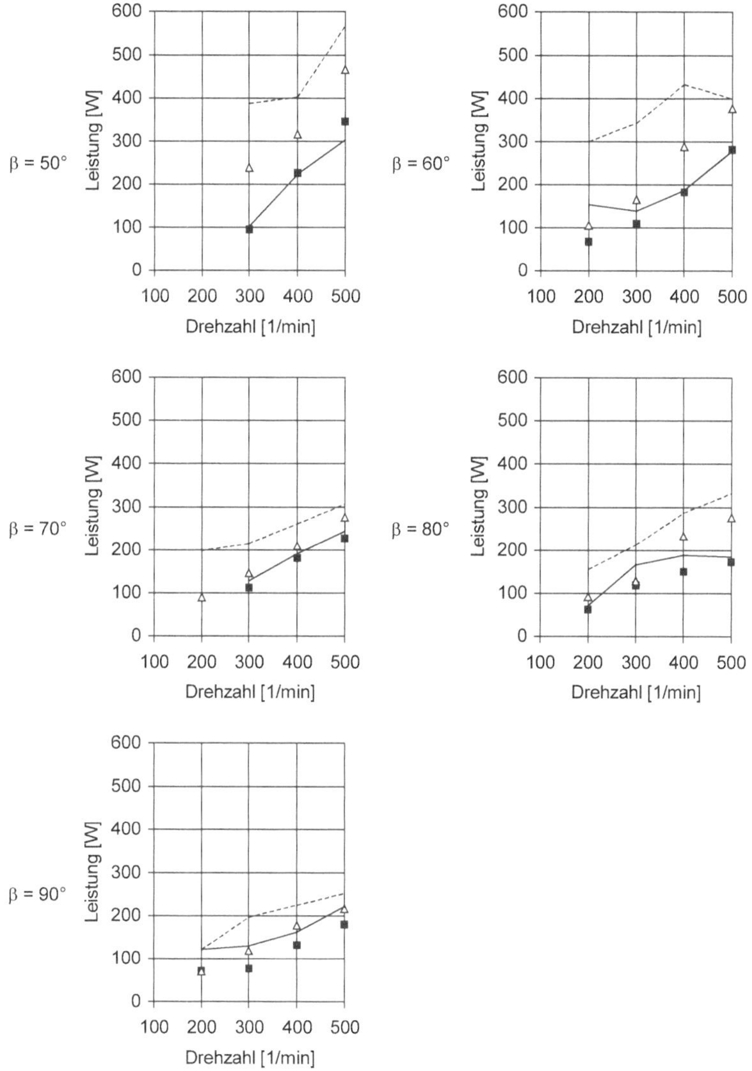

Bild 6.29: Vergleich des gemessenen und berechneten Leistungsbedarfs P_{ges}; Fördergut: PET; △- Meßreihe 1, ■ - Meßreihe 2, - - - Berechnung zu Meßreihe 1, — Berechnung zu Meßreihe 2

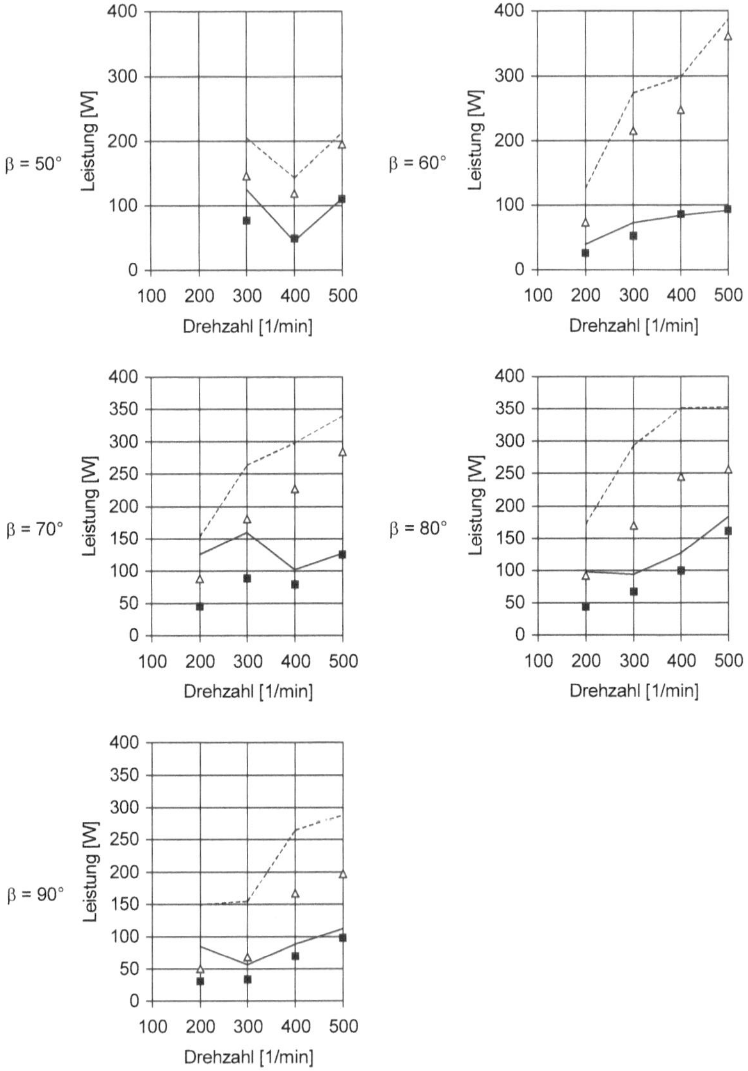

Bild 6.30: Vergleich des gemessenen und berechneten Leistungsbedarfs P_{ges}; Fördergut: Raps; △- Meßreihe 1, ■ - Meßreihe 2, - - - Berechnung zu Meßreihe 1, — Berechnung zu Meßreihe 2

Die Bilder 6.29 und 6.30 dokumentieren die Berechnungsergebnisse für PET-Kunststoffgranulat und Raps. Prinzipiell verhalten sich dabei PET-Granulat und Raps wie Weizen. Der gewählte Förderfaktor ϕ liegt jedoch bei PET-Kunststoffgranulat bei ϕ = 4 und damit deutlich über dem von Weizen, was auf die Materialeigenschaften zurückzuführen ist. Auch bei PET-Kunststoffgranulat ist ein Einfluß der Kammerfüllung zu verzeichnen.

Für Raps wurde ein globaler Förderfaktor von ϕ = 1,6 eingesetzt. Auch hier ist bei geringen Massenströmen die berechnete Leistung näher an der gemessenen, wie aus Bild 6.30 hervorgeht.

6.4.6 Abschätzung der Gutförderung im Bereich II

Gemäß den Erkenntnissen über die Gutbewegung in Kapitel 6.4.2 existiert keine rechnerische Lösung zur Bestimmung der Gutbewegung im Bereich II. Wie die experimentellen Ergebnisse aber zeigen, kann in diesem Bereich Schüttgut gefördert werden. Hier soll nun eine Methode vorgestellt werden, mit deren Hilfe eine überschlagsmäßige Dimensionierung von Schneckenförderern in diesem Bereich vorgenommen werden kann, ohne eine genaue Kenntnis der Gutbewegung im Bereich II.

Als bekannt kann lediglich die Gutbewegung in den Bereichen I und III angesehen werden, aufgrund der rein translatorischen Gutbewegung im einen Fall und den Möglichkeiten zur Berechnung im anderen Fall. Hier läßt sich aus dem Zusammenspiel der wichtigsten Betriebs-, Stoff- und Konstruktionsparameter die günstigste Geometrie für einen Förderer ermitteln. Weiterhin liefert die Berechnung oder das Experiment Anhaltswerte für die nötige Antriebsleistung, beispielsweise in Form des spezifischen Leistungsbedarfs.

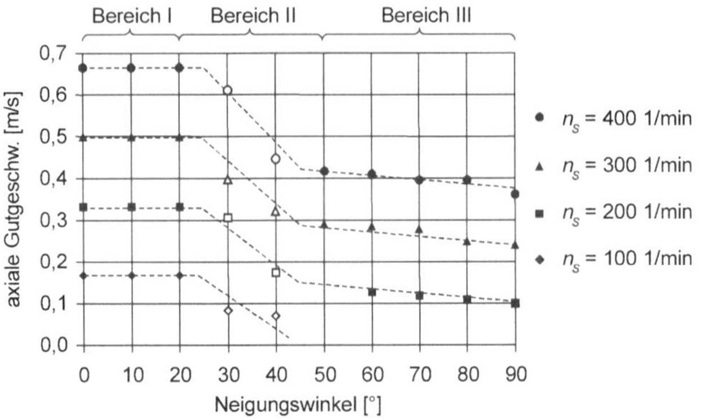

Bild 6.31: Diagramm zur Abschätzung der mittleren axialen Gutgeschwindigkeit im Bereich II; Fördergut: Raps

Was letzteren anbelangt, so steigt dieser kontinuierlich mit dem Neigungswinkel β an, bis sich im Bereich III ein nahezu konstanter Wert einstellt.

Wäre nun der spezifische Leistungsbedarf in den Bereichen I und III bekannt, könnte durch einfache Interpolation der zu erwartende spezifische Leistungsbedarf im Bereich II bestimmt werden, was anhand der Abbildungen in Kapitel 6.4.4 als zulässig erscheint.

Zu klären ist nun, wie das Bewegungsverhalten im Hinblick auf den zu erzielenden Massenstrom abgeschätzt werden kann. Hier sei nun nochmals auf die ermittelten Gutgeschwindigkeiten verwiesen. Am Beispiel von Raps soll eine mittlere axiale Geschwindigkeit im Bereich II bestimmt werden.

Im oben gezeigten Diagramm (Bild 6.31) sind die Meßergebnisse der Axialgeschwindigkeit über dem Neigungswinkel für $0° \leq \beta \leq 90°$ eingetragen . Für die Winkel $\beta = 30°$ und $\beta = 40°$ gibt es zunächst keine Meß- bzw. Berechnungswerte.

Bei jeweils konstanter Schneckendrehzahl wird durch die Meßwerte von Bereich I und Bereich III eine Gerade gelegt. Verbindet man nun die Geradenstücke im Bereich II, ergeben sich die punktiert dargestellten Linien. Hier könnte nun eine mittlere Axialgeschwindigkeit bereichsabhängig ermittelt werden.

Es ist nun zu prüfen, ob diese Annahme gerechtfertigt werden kann. Bekannt ist aus den Versuchen der tatsächlich geförderte Massenstrom. Aus der Kenntnis des Füllungsgrades könnte dann eine mittlere Axialgeschwindigkeit ermittelt werden. Inerhalb der Versuche wurde jedoch kein Füllungsgrad bestimmt, da dies als zu aufwendig und unsicher erschien. Für die Bereiche I und III war dies zudem auch aufgrund der bekannten Bewegungsverhältnisse belanglos.

Im Bereich II wurde daher lediglich der Versuch unternommen, den Füllungsgrad durch Beobachtung des Fördervorgangs grob abzuschätzen. Im Vordergrund stand hier nicht die exakte Bestimmung dieses Parameters, eher eine tendenzielle Beurteilung.

Auf Basis dieser Beobachtungen konnte aus dem bekannten Massenstrom eine mittlere axiale Gutgeschwindigkeit bestimmt werden. Bild 6.31 wurde nun für die jeweiligen Schneckendrehzahlen um die geschätzten Axialgeschwindigkeiten bei $\beta = 30°$ und $\beta = 40°$ ergänzt, zu erkennen an den nicht ausgefüllten Symbolen. Hier zeigt sich eine gute Übereinstimmung zwischen dem angenommenen Geschwindigkeitsverlauf, in Form der gepunkteten Linie, und den abgeschätzten Axialgeschwindigkeiten.

Dies bedeutet, daß sich bei bekannter Gutbewegung in den Bereichen I und III die zu erwartende mittlere Axialgeschwindigkeit im Bereich II mit guter Annäherung ermitteln läßt. Unter Vorgabe des Massenstroms und eines gewünschten Füllungsgrads können somit die Abmessungen des Förderers auf einfache Weise bestimmt werden. Der interpolierte spezifische Leistungsbedarf liefert die Antriebsleistung.

An dieser Stelle sei noch auf einige konstruktive Maßnahmen zur Gutförderung im Bereich II hingewiesen, die sich auf die Erkenntnisse des Versuchsbetriebs stützen bzw. aus dem Betrieb von ausgeführten Anlagen abgeleitet werden konnten:

Für die Schneckendrehzahl sollte ein deutlich höheres Drehzahlniveau gewählt werden, bezogen auf die Auslegung nach Norm für horizontale und leicht geneigte Schnecken. Bei zu geringer Schneckendrehzahl droht in vielen Fällen die Gefahr, daß sich der Schneckenförderer aufgrund der Rieselverluste im Spalt und/oder dem bereits beschriebenen Materialüberwurf langsam vom Zulauf bis zum Auslauf über den gewünschten Füllgrad auffüllt. Vielfach erfüllt der Förderer zwar noch seine Förderaufgabe, benötigt aber deutlich mehr Leistung als ursprünglich kalkuliert. Die Folge ist, daß Störungen auftreten, etwa die Überlastung von Bauteilen, insbesondere des Antriebs. Der Vorgang des Auffüllens kann durchaus mit einer zeitlichen Verzögerung einsetzen, wodurch die Ursache hierfür nicht selten unerkannt bleibt und nicht beseitigt wird. Durch eine Anhebung des Drehzahlniveaus kann das Problem gelöst werden.

Eng verbunden mit dem Problem des übermäßigen Füllens der Schneckenkammer ist auch die konstruktive Gestaltung des Zulaufs. Bekannt ist hier die Dosierung der Fördermenge über ein Absperrorgan oder mittels des Schneckenzulaufs durch Abänderung der Schneckengeometrie in diesem Abschnitt, z. B. durch eine Wendel mit geringerer Steigung. Es kann davon ausgegangen werden, daß das Schneckenkammervolumen im Zulaufbereich zu nahezu 100 % aufgefüllt wird, bei praktisch rein translatorischer Bewegung. Durch Erweiterung des Schneckenkammervolumens nach dem Zulaufabschnitt kann der Füllgrad auf das gewünschte Maß reduziert werden.

Der gewählte Füllgrad im Bereich II sollte sich in etwa auf dem gleichen Niveau bewegen wie bei der Horizontalschnecke. Es sind daher Füllgrade anzustreben, die im Bereich von 30 % bis 60 % liegen, abhängig von den Schüttguteigenschaften. Für einen Schneckenzulauf mit geringerer Steigung bedeutet dies, daß die Ganghöhe mindestens auf die Hälfte, besser auf ein Drittel der Ganghöhe in der Förderstrecke zu reduzieren ist. Somit kann die Gefahr einer Überfüllung mit den oben beschriebenen Folgen vermieden werden.

6.4.7 Bereichszuordnung

Im Rahmen der Vergleiche von Meßwerten und Berechnungsergebnissen wurde bereits die Zuordnung der Schüttgutförderung in die drei charakteristischen Bereiche in Abhängigkeit des Neigungswinkels β vorgenommen. In Anlehnung an Bild 3.2 nach Böttcher [33] ergibt sich für die Bereichseinteilung für Schüttgut Bild 6.32.

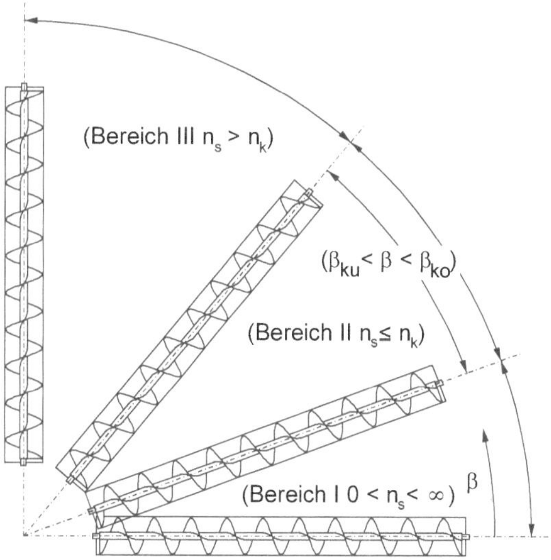

Bild 6.32: Einteilung des Fördervorgangs bei Schüttgut in drei charakteristische Bereiche analog zur Einzelkörperförderung

Die Abgrenzung von Bereich I und Bereich II erfolgt durch die Vorgabe der DIN 15262 [2], der Gültigkeit des Berechnungsverfahrens bis zu einem Neigungswinkel von $\beta = \beta_{ku}$ = 20°, was durch die Versuche bestätigt werden konnte.

Die Abgrenzung zwischen Bereich II und III ist hingegen nicht mehr so eindeutig zu beurteilen. Es soll hier der Versuch unternommen werden, anhand des vorgestellten Kriteriums, Gleichung (5.96) aus Kapitel 5.6, eine Zuordnung vorzunehmen.

Das Ergebnis dieses Versuchs ist in Bild 6.33 für das Fördergut Raps zu sehen. Hierzu bedarf es jedoch noch einiger Erläuterungen zum Verständnis des Diagramms. Folgende Parameter sind im Bild enthalten:

- die Erdbeschleunigungskomponente g_n normal zur Schneckenachse an der obersten Mantellinie des Förderrohrs bei φ_a = 180°, abhängig vom Neigungswinkel β (vertikale Linien)

- die rechnerische Radialbeschleunigung für unterschiedliche Radien und Winkelgeschwindigkeiten (gestrichelte Linien)

- Meßwerte für die Gutwinkelgeschwindigkeit abhängig von Neigung und Drehzahl (Vollinien mit Punkten)

Die Normalkomponente der Erdbeschleunigung gewinnt mit fallendem Neigungswinkel β immer mehr an Gewicht. Die Änderung der Gutwinkelgeschwindigkeit ω_a ist wiederum mit der Änderung der Axialgeschwindigkeit verbunden. Ein Anstieg der Axialgeschwindigkeit bedeutet nach Gleichung (4.12) eine Verringerung des Gutwinkelgeschwindigkeit. Somit ergibt sich, wie in Bild 6.31 zu erkennen ist, für die Parameter g_n und ω_a eine gegenläufige Tendenz.

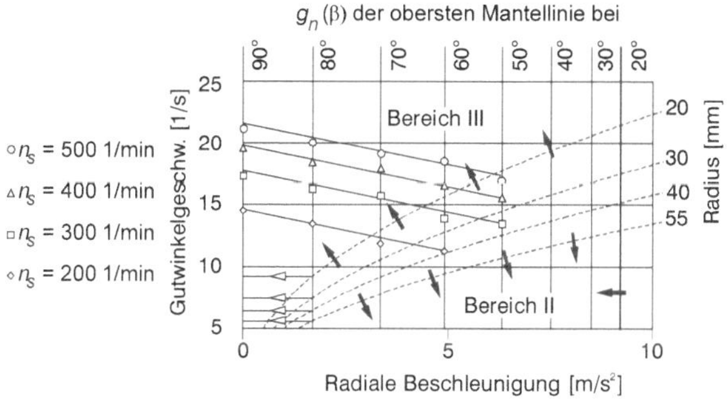

Bild 6.33: Abgrenzung von Bereich II und III; Fördergut: Raps; ——gemessene Winkelgeschwindigkeit ω_a, - - - radiale Beschleunigung in Abhängigkeit der Winkelgeschwindigkeit unter Berücksichtigung unterschiedlicher Radien

Für die steile Förderung liegt die Radialbeschleunigung aus der Gutbewegung stets über der entgegengesetzt wirkenden Erdbeschleunigungskomponente, wodurch die Bewegung eindeutig dem Bereich III zugeordnet werden kann.

Ordnet man der Normalkomponente g_n der Erdbeschleunigung eine Winkelgeschwindigkeit für verschiedene Radien (hier r = 20 mm bis r = 55 mm) zu, kann man feststellen, ob diese Winkelgeschwindigkeit größer oder kleiner als die tatsächlich gemessenen Gutwinkelgeschwindigkeit ist. Beispielhaft ist dies für β = 80° und die eingezeichneten Radien dargestellt. Die gemessenen Gutwinkelgeschwindigkeiten sind hier deutlich höher als die Winkelgeschwindigkeiten, die der Erdbeschleunigung zugeordnet werden können (horizontale Pfeile). Mit fallendem Neigungswinkel β verringert sich nun die Differenz der beiden Parameter.

Zum Teil liegen die gemessenen Winkelgeschwindigkeiten so, daß laut Kriterium ein Ablösen von Teilen der Füllung erwartet werden kann. Hier deckt sich nun das Modell nicht eindeutig mit den Ergebnissen aus dem Versuchsbetrieb, aus welchen hervorgeht, daß die Grenze β_{ko} für die verwendeten Schüttgüter im untersuchten

Drehzahlbereich zwischen $\beta = 40°$ und $\beta = 50°$ liegt. Dies kann mit den sehr vereinfachten Annahmen für das Grenzkriterium begründet werden sowie den problematischen Verhältnissen während des Versuchs, die eine Beurteilung mitunter erheblich erschwerten. Der Übergang von einem zum anderen Bereich erfolgt nicht schlagartig.

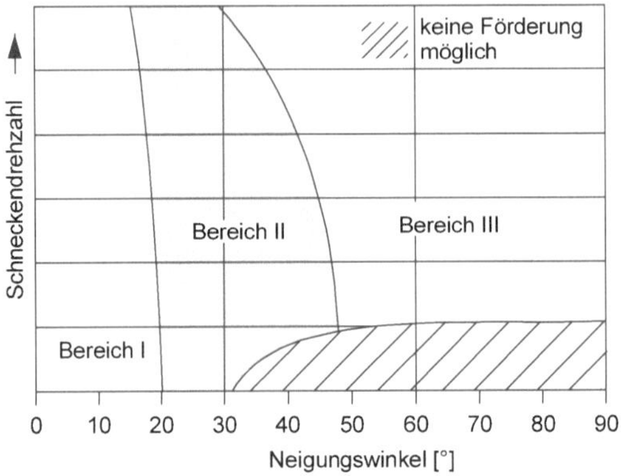

Bild 6.34: Die qualitative Einteilung in die Bereiche I, II und III, abhängig von Neigungswinkel β und Drehzahl

Basierend auf den Erfahrungen aus dem Versuchsbetrieb kann dieses Grenzkriterium jedoch die Zuordnung erleichtern. Durch die rechnerische Bestimmung der Gutbewegung kann zumindest beurteilt werden, ob die Gutbewegung nun dem Bereich II oder dem Bereich III entspricht. Um eine Gutbewegung gemäß den Kriterien von Bereich III zu erzielen, sind mit sinkendem Neigungswinkel β höhere Schneckendrehzahlen n_s zu wählen.

Rein qualitativ kann die Bereichseinteilung auch über dem Neigungswinkel β dargestellt werden, was in Bild 6.34 zu sehen ist. Mit zunehmender Drehzahl wird der Bereich II schmäler, was aus Bild 6.33 hervorgeht. Für geringe Drehzahlen in den Bereichen II und III kann die Gutförderung nicht aufrecht erhalten werden, was aus den experimentellen Untersuchungen hervorgeht. In Summe kann hier kein Axialvorschub des Fördergutes erzielt werden.

7 Zusammenfassung

In der Vergangenheit wurde die Förderschnecke in vielfacher Weise wissenschaftlichen Untersuchungen unterzogen, wobei zunächst die Gewinnung von Kenntnissen hinsichtlich der grundsätzlichen Eignung für bestimmte Stoffgruppen und Förderaufgaben Gegenstand der Betrachtungen war. Später erfolgte eine intensive Auseinandersetzung mit der Theorie der Gutbewegung, zunächst vereinfacht für einen starren Einzelkörper, aber auch für Schüttgut unter Berücksichtigung bestimmter Schüttguteigenschaften.

Hieraus resultierten eine Reihe von Berechnungsverfahren, einerseits für horizontal und leicht geneigte Schneckenförderer, andererseits für den Sonderfall der Vertikalförderung unter Berücksichtigung einer Reihe von gerätetechnischen Phänomenen.

Es wurden auch Untersuchungen zur Schüttgutförderung mit dem Schwerpunkt der allgemeinen, also auch schrägen Förderung unternommen, jedoch ohne allgemeingültige Aussagen über das Förderverhalten in Abhängigkeit der maßgeblichen Einflußparameter zu treffen.

Hier sollte nun diese Untersuchung ansetzen um genauere Kenntnisse über das Förderverhalten, insbesondere unter dem Einfluß des Neigungswinkels der Schneckenachse bezüglich der Horizontalen, zu erlangen. Wenn möglich sollten auf Basis dieser Erkenntnisse Methoden zur rechnerischen Bestimmung des Fördervorgangs in geneigten Schnecken entwickelt werden.

Zunächst wurde in Förderversuchen die Gutbewegung des Schüttgutes in der Schneckenkammer in Abhängigkeit von Schneckendrehzahl und Neigungswinkel betrachtet. Als Ergebnis ist festzuhalten, daß die Gutbewegung in drei charakteristische Bereiche eingeteilt werden kann, ähnlich der Bewegung eines starren Einzelkörpers.

Der Bereich I umfaßt hierbei die horizontale bis leicht geneigte Förderung. Die Gutbewegung erfolgt rein translatorisch, was bereits der Norm DIN 15262 zugrunde gelegt wurde. Eine störungsfreie und effektive Förderung ist hierbei unter Berücksichtigung eines geeigneten Füllungsgrads zu erzielen, was besagt, daß die Schneckenkammer nur soweit zu füllen ist, daß das Fördergut nicht über die Schneckenwelle abrutscht. Andernfalls ist mit einem störenden Nebenstrom senkrecht zur Förderrichtung zu rechnen. Für schräge Schnecken bedeutet dies eine Reduzierung der Kammerfüllung. Die Versuche zeigten, daß ohne Schwierigkeiten eine effektive Förderung auch bei Schneckendrehzahlen jenseits der empfohlenen, durch die Norm vorgegebenen Grenzen möglich ist, allerdings bei deutlich höherem Leistungsbedarf.

Außerhalb des durch die Normvorgaben begrenzten Bereichs kann eine Förderung nur durch Erhöhung der Füllung in der Schneckenkammer erzielt werden. Die Gutbewegung kann hier nicht mehr als einheitlich angesehen werden, Teile der Kammerfüllung werden noch translatorisch bewegt, der Rest wird durch eine Rotationsbewegung um die Schneckenachse überlagert, bedingt durch die veränderliche Steigung der Wendel im Aufböschbereich der Schneckenkammer. Dieser Rotationsanteil wächst mit zunehmendem Neigungwinkel an. Diese charakteristische Gutbewegung wird dem Bereich II zugeordnet. Auch hier sind Analogien zum Bereich II der Einzelkörperförderung erkennbar. Aufgrund der Wechselwirkung der einzelnen Schüttgutteilchen stellt sich ein stabiler Fördervorgang ein, was bei der Einzelkörperförderung nicht der Fall ist. Der Leistungsbedarf steigt im Vergleich zu Bereich I deutlich an.

Mit weiterhin wachsendem Neigungswinkel bzw. anwachsender Drehzahl wird der Bereich II verlassen und geht in den Bereich III über, welcher durch eine gleichförmige rotatorische Gutbewegung auf einer Schraubenlinie gekennzeichnet ist, wie sie bereits von der Vertikalförderung her bekannt ist. Es treten keine Gutgeschwindigkeitsunterschiede entlang dem Umfang der Schnecke auf. Hier unterscheidet sich das Schüttgut vom Einzelkörper, sieht man vom Sonderfall der Vertikalförderung ab. Die Gutbewegung ändert sich dabei nahezu linear mit der

Drehzahl und dem Neigungswinkel. Für die Vertikalförderung werden dabei die geringsten axialen Gutgeschwindigkeiten erreicht. Der Leistungsbedarf erreicht im Bereich III sein Maximum.

Im Hinblick auf den Leistungsbedarf ist folgendes festzuhalten: In Abhängigkeit des Neigungswinkels steigt der Leistungsbedarf von Schneckenförderern stetig an. Bezogen auf eine Fördermengen- und Längeneinheit ergibt sich hierbei ein Anstieg über dem Neigungswinkel in den Bereichen I und II. Für den Bereich III ergibt sich hingegen ein für das jeweilige Fördergut charakteristischer, nahezu konstanter Wert, unabhängig von Neigungswinkel und Drehzahl, sofern die Schneckenkammer ausreichend gefüllt ist. Sehr kleine Massenströme führen zu deutlichem Materialrückfluß im Spalt und zu hohe Füllgrade verursachen Gutstauungen an Einbauten und Hindernissen. Beides wirkt sich in übermäßigem Leistungsverbrauch aus. Die Versuche zeigen, daß Füllgrade im Bereich von 30 % bis 60 % als günstig anzusehen sind, abhängig von Schüttguteigenschaften und Konstruktionsmerkmalen, wie z. B. Zwischenlagern. Höhere Füllungen bedeuten grundsätzlich eine bessere Ausnutzung des Bauraums.

Neben den experimentellen Untersuchungen stand die Entwicklung eines Berechnungsmodells für die schräge Förderung im Vordergrund.

Für die Auslegung von Schnecken im Bereich I erweist sich die Norm DIN 15262 als grundsätzlich tauglich. Lediglich die Leistungsabschätzung für Drehzahlen über der Normempfehlung ist damit allgemein nicht möglich. Im Fall der Horizontalförderung von Getreide ergab sich bei Verdoppelung der maximal empfohlenen Drehzahl eine Verdoppelung des sogenannten Verschiebewiderstandsbeiwerts. Bei PET-Kunststoffgranulat zeigte sich kein so ausgeprägter Einfluß. Bei einem Neigungswinkel von 20° stieg bei Getreide der Verschiebewiderstandsbeiwert auf das drei- bis vierfache an, bei PET-Kunststoffgranulat lediglich auf das doppelte.

Für den Bereich II konnte kein analytisches Berechnungsverfahren entwickelt werden, was mit den nicht näher beschreibbaren Bewegungsverhältnissen in der

Schneckenkammer zu begründen ist. Es besteht jedoch die Möglichkeit, aus der Kenntnis von Gutbewegung und spezifischem Leistungsbedarf in den Bereichen I und III Auslegungsparameter, genauer mittlere Axialgeschwindigkeit und Leistungsbedarf, abzuleiten.

Vom Sonderfall der Vertikalförderung konnten die Berechnungsmöglichkeiten auf den gesamten Bereich III ausgedehnt werden. Das entwickelte Modell baut auf bestehenden Berechnungsansätzen auf und erlaubt unter Berücksichtigung schüttgutspezifischer Eigenschaften eine zuverlässige Berechnung des Fördervorgangs. Bei bekannten Stoffparametern besteht somit für den Konstrukteur die Möglichkeit zur Variation der Betriebs- und Konstruktionsparameter im Hinblick auf eine optimale geometrische Gestaltung des Fördergeräts. Eine zufriedenstellende Leistungsbemessung kann über die Kenngröße des Förderfaktors erreicht werden. Dieser stoffspezifische Kennwert ist mit dem Verschiebewiderstandsbeiwert der Norm DIN 15262 vergleichbar. Alternativ kann die Ermittlung des Leistungsbedarfs mit dem spezifischen Leistungsbedarf erfolgen. Letzterer stellt im Bereich III für ein Schüttgut einen nahezu konstanten Kennwert dar.

Alle Stoffparameter, welche in die Berechnung eingehen, entziehen sich einer theoretischen Herleitung und müssen experimentell ermittelt werden. Die Spannungskennwerte können weitgehend pauschal abgeschätzt werden.

Der Vergleich von Experiment und Theorie auf Basis der Stoffparameter zeigt eine gute Übereinstimmung zwischen Meßwerten und berechneten Größen, wodurch sich die Parameterkonfiguration und die zugrunde gelegten Annahmen als richtig erweisen.

8 Formelzeichen

A	[m²]	Fläche
A_0	[m²]	Förderquerschnitt
F	[N]	Kraft
G	[N]	Gewichtskraft
H	[m]	Ganghöhe
I_m	[t/h] od. [kg/s]	Massenstrom
I_V	[m³/s]	Volumenstrom
N	[N]	Normalkraft
R_z	[N]	Reibkraft an der Rohrinnenwand
R_s	[N]	Reibkraft auf der Wendel
P	[W]	Leistung
P_a	[W]	Reibleistung an der Rohrinnenwand
P_G	[W]	dissipierte Reibleistung
P_{ges}	[W]	Gesamtleistung
P_{Hub}	[W]	Hubleistung
P_i	[W]	Reibleistung an der Welle
P_w	[W]	Reibleistung auf der Wendel

c	[N/mm²]	Scherspannung kohäsiver Schüttgüter
d_a	[m]	Rohrinnendurchmesser
d_w	[m]	Wendeldurchmesser
d_i	[m]	Wellendurchmesser
g	[m/s²]	Erdbeschleunigung
$k(r)$	[m]	Verlauf der Oberflächenkontur
l_{ges}	[m]	Förderlänge
m	[kg]	Masse
n_s	[1/min]	Schneckendrehzahl
r	[m]	Radius

r_m	[m]	Schwerpunktradius
r_s	[m]	Schwerpunktradius bei radial verteilter Wandschubspannung
r_x	[m]	Trennradius
r_{wo}	[m]	oberer Durchstoßradius der Kontur
r_{wu}	[m]	unterer Durchstoßradius der Kontur
s	[m]	Wendeldicke
v	[m/s]	Geschwindigkeit
Z	[Pa/m]	Verteilfaktor für Schubspannungsabbau
α, $\alpha(r)$	[°]	Neigungswinkel des Schneckenblechs
β	[°]	Neigungswinkel der Schneckenachse
β_{part}	[-]	Stoßfaktor bei Teilchenstößen
φ	[-]	Füllungsgrad
φ_a	[°]	Umlaufwinkel entlang dem Schneckenumfang
φ_i	[°]	lokaler Reibwinkel am Fließort
φ_e	[°]	Winkel der inneren Gutreibung
φ_{st}	[°]	Winkel des stationären Fließortes
φ_w	[°]	Wandreibwinkel
κ	[1/s]	Schergeschwindigkeit
λ	[-]	Spannungsverhältnis, Verschiebewiderstandsbeiwert
λ_0	[-]	Hauptspannungsverhältnis
μ_G	[-]	innerer Reibwert des Schüttguts
μ_s	[-]	Reibwert zwischen Gut und Schneckenwendel
μ_z	[-]	Reibwert zwischen Gut und Rohrinnenwand
μ^*	[-]	fiktiver Reibwert
ρ_g	[°]	Reibwinkel zwischen Einzelkörper und Wendel
ρ_b	[kg/m^3]	konstante Schüttgutdichte

ρ_{part}	[kg/m³]	Teilchendichte
ρ_s	[kg/m³]	Schüttdichte
σ	[N/mm²]	Spannung
σ_z	[N/mm²]	Axialspannung in z-Richtung
σ_r	[N/mm²]	Radialspannung
σ_ζ	[N/mm²]	Axialspannung in ζ-Richtung
τ	[N/mm²]	Schubspannung
ψ'	[°]	Förderwinkel
ω_a	[1/s]	Gutwinkelgeschwindigkeit
ω_s	[1/s]	Schneckenwinkelgeschwindigkeit

Indizes

a	absolut, aktiv, außen
b	binormal
i	innen
k	kritisch
n	normal
p	passiv
r	radial, relativ
t	tangential
w	Wand

φ	azimutal
ζ	in axiale Richtung

9 Literatur

[1] DIN 15201 Teil 1: Stetigförderer. Hrsg. Deutscher Normenausschuß, Beuth Verlag, Berlin, Ausgabe April 1977.

[2] DIN 15262: Schneckenförderer für Schüttgut - Berechnungsgrundsätze. Hrsg. Deutscher Normenausschuß, Beuth Verlag, Berlin, Ausgabe Jan. 1983.

[3] Brandtner, F.: Die Förderschnecke in ihrer vielseitigen Anwendung. Aufbereitungstechnik 10 (1969) Nr. 8, S. 424-437.

[4] DIN 15261: Schneckenförderer Teil 1 - Anschlußmaße, Teil 2 Schneckenblatt. Hrsg. Deutscher Normenausschuß, Beuth Verlag, Berlin, Ausgabe Feb. 1986.

[5] Fehlauer, M.: Untersuchungen zur Senkrechtförderung landwirtschaftlicher Schütt- und Halmgüter mittels Schneckenförderer. Dissertation Universität Rostock, 1978.

[6] Bruck, K.: Parameter und Einsatzbereiche von Spiralförderern. Tagungsbeitrag Fachtagung Schüttgutfördertechnik ´98, Otto-von-Guericke Universität Magdeburg, 24.September 1998.

[7] Schulze, D.; Schwedes, J.: Der Fördervorgang in biegsamen Schneckenförderern. Fördern und Heben 39 (1989) Nr. 3, S. 231-235.

[8] Sands, L. D.; Hall, G. E.: Damage to shelled corn during transport in a screw conveyor. Transactions of the ASAE Vol. 14 (1971) Nr. 3, S. 584-585.

[9] Stevens, G. N.: Aspects of the performance of small auger grain conveyors. J. agric. Engng. Res. Vol. 11 (1966) Nr. 1, S. 11-18.

[10] Bouse, L. F.; Schoenleber, L. G.; Porterfield, J. G.: Screw conveyor capacity and castorseed damage. Transactions of the ASAE Vol. 9 (1964) Nr. 2, S. 152-156.

[11] Riemann, U.: Untersuchungen am senkrechten Schneckenförderer. Dissertation Universität Kiel, 1959.

[12] König, A.; Riemann, U.: Untersuchungen am senkrechten Schneckenförderer, Landtechnische Forschung 10 (1960), Heft 2.

[13] Nier, R.: Experimentelle Untersuchungen der Fördervorgänge und Leistungen an senkrechten und schrägen Schneckenförderern. Dissertation Universität Kiel, 1964.

[14] Stevens, G. N.: Performance tests on experimental auger conveyors. J. agric. Engng. Res. Vol. 7 (1962) Nr. 1, S. 47-60.

[15] O'Callaghan, J. R.: Some experiments on the intake process in a vertical screw conveyor. J. agric. Engng. Res. Vol. 7 (1962) Nr. 4, S. 282-287.

[16] O'Callaghan, J. R.; Fallon, T. A.: Performance of vertical screw conveyors. J. agric. Engng. Res. Vol. 6 (1961) Nr. 2, S. 87-97.

[17] Fehlauer, M.; Gläser, M.; Hartung, L.: Messungen von Fördergeschwindigkeit und Förderquerschnitt an einem senkrechten Schneckenförderer mit großem Durchmesser. Agrartechnik 27 (1977), Heft 4, S. 171-173.

[18] Peart, R. M.; Mc.Kenzie, A.; Herum, F. L.: Dimensional standards and performance-test procedures for screw conveyors. Transactions of the ASAE Vol. 10 (1967) Nr. 5, S. 667-669.

[19] Regan, W. M.; Henderson, S. M.: Performance characteristics of inclined screw conveyors. Agric. Engng. Vol. 40 (1959) Nr. 8, S. 450-452.

[20] Roberts, A. W.; Willis, A. M.: Performance of grain augers. Proc. Instit. Mech. Engng. Vol.176 (1962) Nr. 8, S. 165-194.

[21] Harries, G. O.: Application of a radio-isotope to the determination of the annular thickness of grain in an auger Conveyor. J. agric. Engng. Res. Vol. 7 (1962) Nr. 2, S. 65-67.

[22] Peart, R. M.: Experimental vertical augers for a silo unloader. University of Illinois, Agricultural experiment station. Bulletin Nr. 631, 1958.

[23] Brusewitz, G. H.; Persson, S. P. E.: Parametric study of factors influencing screw conveyor throughout and power requirement. Transactions of the ASAE Vol. 12 (1969) Nr. 1, S. 51-54 und 59-62.

[24] Grimmer, K.-J.; Weninger, L.: Einige Betrachtungen zum Schüttgutdurchsatz bei Senkrecht-Schneckenförderern. "Miscolcer Gespräche `94", 20./21.Sept. 1994, Universität Miscolc / Ungarn.

[25] Rademacher, F. J. C.: On Seed Damage in Grain Augers. J. agric. Engng. Res. Vol. 13 (1981) Nr. 26, S. 87-96.

[26] Stosnach, K.: Schiffsentlader nach dem Screw-Conveyor-Prinzip bieten gute Restentladung. Fördern und Heben 37 (1987) Nr. 6, S. 395-398.

[27] Hunaeus, B.: Continuous bulk unloading of barges. Bulk Solids Handling Vol. 7, Nr. 5, Oktober 1987; S. 627-630.

[28] Johansson, R.: An economy-size ship unloader. Bulk Solids Handling Vol. 6, Nr. 5, Oktober 1986, S. 935-937.

[29] Pereira, M.: Total bulk handling capability. A company profile of Simon-Solitec Ltd. Bulk Solids Handling Vol. 6, Nr. 1, Februar 1986, S. 181-183.

[30] N.N.: Moderne Schiffsentlader: Vielseitig, leistungsstark und umweltschonend. Fördern und Heben 35 (1985) Nr. 11, S. 856-859.

[31] Johansson, R.: The Siwertell coal unloader at Kingsnorth - A case history. Bulk Solids Handling Vol. 5, Nr. 1, Februar 1985.

[32] Peto, S.; Lobotka, J.: Analysis of input power on screw conveyor drive. Acta Technol. Agric. Vol.13 (1975), S. 111-130.

[33] Böttcher, S.: Eine allgemeine Analyse der Aufwärtsförderung eines Einzelkörpers in Schneckenförderern beliebiger Neigung. Teil 1 bis 3. VDI-Zeitschrift 105 (1963) Nr. 14, S. 581-593; Nr. 16, S. 663-671; Nr. 18, S. 743-754.

[34] Fehlauer, M.: Untersuchungen zur Senkrechtförderung landwirtschaftlicher Schütt- und Halmgüter mittels Schneckenförderer. Dissertation Universität Rostock, 1978.

[35] Ertl, W.: Beitrag zur Berechnung der Förderung leicht fließender Schüttgüter in senkrechten Schneckenförderern. Dissertation TU München, 1988.

[36] Rehkugler, G. E.: Screw conveyors state of art. Transactions of ASAE Vol. 10 (1967) Nr. 5, S. 615-618.

[37] Sinha, G. L.: Untersuchung zum Fördervorgang beim senkrechten Schneckenförderer. Dissertation TU Hannover, 1959.

[38] Roberts, A. W.: An investigation of grain vortex motion with relation to the Performance within vertical grain augers. Proc. Instit. Mech. Engng. Vol. 178 Pt. 1 (1963-64) Nr. 12, S. 293-310.

[39] Nilsson, L. G.: On the vertical screw conveyor for noncohesiv bulk materials. Acta Polytechnica Scandinavica, Mechanical Engeneering Series Nr. 64, Stockholm 1971.

[40] Rademacher, F. J. C.: De vertikale schroeftransporteur. Dissertation TH Twente, 1972.

[41] Gabler, H.: Theoretische und experimentelle Untersuchung der Förderung in steilen und senkrechten Schneckenförderern. Dissertation TU München, 1981.

[42] Böttcher, S.; Ertl, W.: Bewegungsanalyse eines Einzelkörpers im konischen Förderabschnitt steiler Schneckenförderer. Fördern und Heben 37 (1987) Nr. 2, S. 84-91.

[43] Böttcher, S.; Ertl, W.: Zur optimalen Auslegung des konischen Förderabschnitts bei senkrechten Schneckenförderern. Deutsche Hebe- und Fördertechnik 33 (1987) Nr. 7/8, S. 25-32.

[44] Rademacher, F. J. C.: On the characteristics of vertical screw conveyors for free flowing bulk material. VDI Forschungsheft 592, 1979.

[45] Rademacher, F. J. C.: On possible Flow Back in vertical screwconveyors for cohesionless granular materials. J. agric. Engng. Res. Vol. 26 (1981) Nr. 26, S. 225-250.

[46] Fehlauer, M.: Berechnungsvorschrift für Schneckenförderer zur Senkrechtförderung landwirtschaftlicher Schütt- und Halmgüter. Agrartechnik 30 (1980), Heft 1.

[47] Fehlauer, M.; Baganz, K.: EDV-gestützte Optimierung des Fördervorgangs in der senkrechten Förderschnecke. Agrartechnik 30 (1980), Heft 4, S. 167-168.

[48] Stein, D. H.: Untersuchungen an Steil- und Senkrechtförderern für den Transport von Futtermitteln. Dissertation TU Dresden, 1976.

[49] Rademacher, F. J. C.: Are inclined screw-blades for vertical auger advantageous? Transactions of the ASAE Vol. 20 (1977) Nr. 6, S. 1142-1150.

[50] Rehkugler, G. E.; Boyd, L. L.: Dimensional analysis of auger conveyor operation. Transactions of the ASAE Vol. 5 (1962), S. 98-102.

[51] Ross, I. J.; Isaacs, G. W.: Forces acting in stacks of granular material I. Transactions of ASAE Vol. 4 (1961) Nr. 1, S. 92-96.

[52] Ross, I. J.; Isaacs G. W.: Capacity of enclosed screw conveyors handling granular materials II. Transactions of ASAE Vol. 4 (1961) Nr. 1, S. 97-100 und 104-107.

[53] Parsons, J. D.; Schwiesow, W. F.; Burkhardt, G. J.: Fluid-flow analogy applied to auger conveyance of grains. Transactions of ASAE Vol. 12 (1969) Nr. 5, S. 616-620.

[54] Tedder, W.: Neue Erkenntnisse zur Feststoff-Förderung in senkrechten Schneckenförderern. Fördern und Heben 24 (1974) Nr. 12, S. 1147-1150.

[55] Stahl, H.: Beitrag zur Förderung leicht fließender, feinkörniger Schüttgüter im senkrechten Schneckenförderer unter Spalteinfluß. Dissertation TU München, 1994.

[56] Schumacher, W.: Zum Förderverhalten von Bunkerabzugsschnecken mit Vollblattwendeln. Dissertation RWTH Aachen, 1987.

[57] Ephremidis, C.: Untersuchungen zum Fördervorgang beim waagrechten Schneckenförderer. Dissertation, TU Hannover 1957.

[58] Greinwald, K.: Untersuchung der Förderung leicht fließender Schüttgüter im senkrechten Schneckenförderer unter Berücksichtigung der Zwischenlager. Dissertation, TU München, 1994.

[59] Lemmon, N. F.; Gunkel, W. W.; Rehkugler, G. E.: Design considerations and operating characteristics of an axially-flexible screw conveyor. Transactions of the ASAE Vol. 4 (1961) Nr. 1, S. 155-157.

[60] Wilkes, R. S.: Developing augers to convey forage. Agricultural Engineering Vol. 50, 1969, Nr.2, S. 82 und 95.

[61] Ghosh, B. N.: Conveyance of wet parchment coffee beans by an auger. Journal o. Agr. Eng. Research Vol. 12, 1967 Nr. 4, S. 274-280.

[62] Stevens, G. N.: Handling groundnuts with an auger conveyor. J. agric. Engng. Res. Vol. 13 (1968) Nr. 1, S. 44-48.

[63] Leitner, J.: Untersuchungen zum Spalteinfluß und Einlauf des Fördergutes im senkrechten und steil geneigten Schneckenförderern. Dissertation Montanuniversität Leoben, 1999.

[64] Wildgruber, A.: Experimentelle Untersuchung zur Bestimmung des Leistungsverlustes im Spalt steiler Schneckenförderer. Unveröffentlichte Studienarbeit. Lehrstuhl für Fördertechnik Materialfluß Logistik, TU München, 1998.

[65] FEM 2581: Schüttguteigenschaften. Deutsche Ausgabe, dt. Nationalkomitee der FEM, Frankfurt, 1984.

[66] FEM 2582: Allgemeine Schüttguteigenschaften hinsichtlich der Klassifizierung und der Symbolisierung. Deutsche Ausgabe, dt. Nationalkomitee der FEM, Frankfurt, 1984.

[67] FEM 2181: Spezifische Schüttguteigenschaften bei der mechanischen Förderung. Deutsche Ausgabe, dt. Nationalkomitee der FEM, Frankfurt, 1989.

[68] FEM 2381: Spezifische Eigenschaften der Schüttgüter in Bezug auf die Silolagerung - Ermittlung und Darstellung der Fließeigenschaften. Deutsche Ausgabe, dt. Nationalkomitee der FEM, Frankfurt, 1986.

[69] FEM 2481: Spezifische Schüttguteigenschaften bei der pneumatischen Förderung - Definition und Festlegung der Meßverfahren. Deutsche Ausgabe, dt. Nationalkomitee der FEM, Frankfurt, 1997.

[70] Gebhard, H.: Scherversuche an leicht verdichteten Schüttgütern unter besonderer Berücksichtigung des Verformungsverhaltens. Fortschrittsbericht VDI Reihe 3, Nr. 68, Düsseldorf, VDI Verlag, 1982.

[71] Pahl, M. H.: Lagern, Fördern und Dosieren von Schüttgütern, Verlag TÜV Rheinland, 1989.

[72] Schwedes, J.: Fließverhalten von Schüttgütern in Bunkern. Weinheim, Verlag Chemie, 1968.

[73] Goldacker, E.: Untersuchungen zur inneren Reibung von Pulvern, insbesondere im Hinblick auf die Förderung in Extrudern. Dissertation TH Aachen, 1971.

[74] Molerus, O.: Schüttgutmechanik - Grundlagen und Anwendungen in der Verfahrenstechnik. Berlin, Springer-Verlag, 1985.

[75] Jenike, A. W.: Gravity flow of bulk solids. University of Utah, Bulletin Nr. 108, 1961.

[76] Schwedes, J.: Entwicklung der Schüttguttechnik seit 1974. Aufbereitungstechnik 23 (1982) Nr. 8, S. 402-410.

[77] Stadler, R.: Stationäres, schnelles Fließen von dichtgepackten, trockenen und feuchten Schüttgütern. Dissertation TH Karlsruhe, 1986.

[78] Truckenbrodt, E.: Fluidmechanik. Band I. Springer-Verlag, Berlin, 1980.

[79] Janssen, H. A.: Versuche über Getreidedruck in Silos. VDI-Zeitschrift 39 (1985), S. 1045-1049.

[80] Walker, D. W.: An approximate theory for pressures and arching in hoppers. Chem. Engng. Sci. vol. 21 (1966), S. 975-997.

[81] Walters, J. K.: A theoretical analysis of stresses in silos with vertical walls. Chem. Engng. Sci. vol. 28 (1973), S. 13-21.

[82] Korzen, Z.: Über das Spannungs- und Fließverhalten von Schüttgütern in vertikalen Verladeeinrichtungen. Aufbereitungstechnik Nr. 11 (1983), S. 656-661.

[83] Lvin, J. B.: Analytical evaluation of pressures of granular materials on silo walls. Powder technology 4 (1970-71), S. 280-285.

[84] Stroppel, A.: Spannungszustände in lagernden körnigen Haufwerken in der Nähe einer ebenen Wand. VDI-Forschungsheft 525, 1968.

[85] Szabo, I.: Einführung in die technische Mechanik. Springer-Verlag, Berlin, 1964.

[86] Wilms, H.: Spannungsberechnung in Silos mit der Charakteristikenmethode. Dissertation TU Braunschweig, 1983.

[87] DIN 1629: Nahtlose kreisförmige Rohre aus unlegierten Stählen für besondere Anforderungen – Technische Lieferbedingungen. Hrsg. Deutscher Normenausschuß, Beuth Verlag, Berlin, Ausgabe Oktober 1984.

[88] N.N.: LMS 200 Laser Meßsystem – Indoor-Version; technische Beschreibung; Fa. Sick AG, Waldkirch.

[89] Weidner, J.: Vergleich von Stoffgesetzen granularer Schüttgüter zur Silodruckermittlung. Dissertation TH Karlsruhe, 1990.

[90] Greinwald, K.: Power Requirement of an Ship Unloader with Screw Conveyors. Bulk Solids Handling Vol. 15, Nr. 4, Oktober 1995.

[91] Günthner, W. A.; Vollmann, A.: Hochleistungs-Schneckenförder: Forschung, Entwicklung, Trends. Tagungsbeitrag Kolloquium Stetigförderung von Schüttgütern, Otto-von-Guericke Universität Magdeburg, 16.September 1997.

[92] Günthner, W. A.; Vollmann, A.: Schüttgutförderung in geneigten Schnecken: experimentelle Untersuchungen. Tagungsbeitrag Fachtagung Schüttgutfördertechnik ´98, Otto-von-Guericke Universität Magdeburg, 24.September 1998.

[93] Günthner, W. A.; Vollmann, A.: Untersuchungsergebnisse zur Schüttgutförderung in geneigten Schnecken. Tagungsbeitrag Fachtagung Schüttgutfördertechnik ´99, Otto-von-Guericke Universität Magdeburg, 23. und 24. September 1999.

10 Anhang

β = 90°

β = 80°

β = 70°

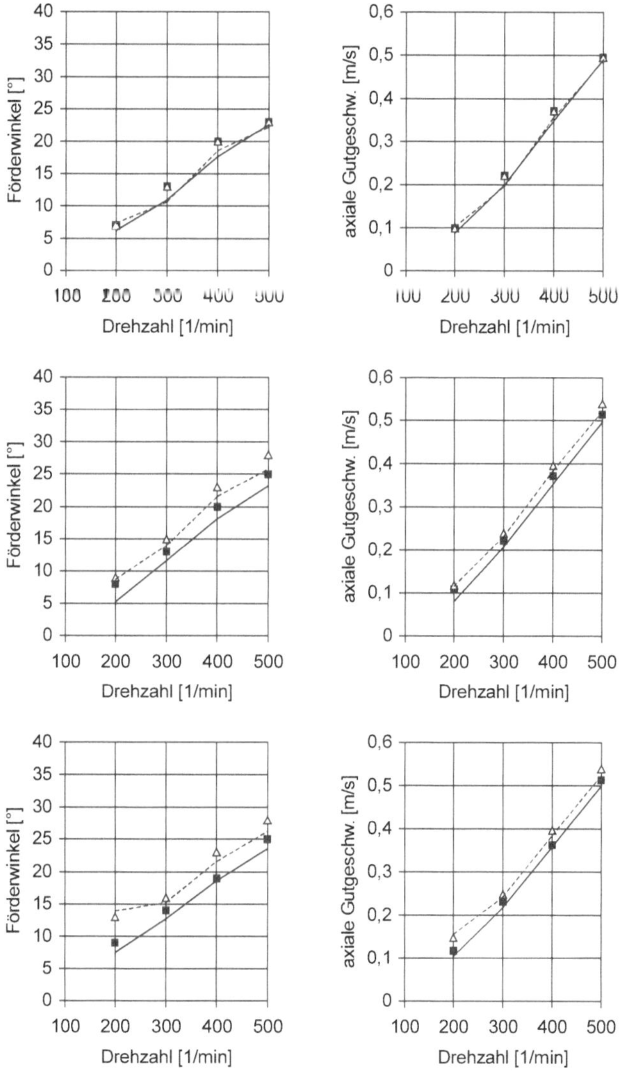

Bild 10.1: *Der Förderwinkel ψ und die Gutgeschwindigkeit v_ζ im Bereich III; Fördergut: Raps; △- Meßreihe 1, ■ - Meßreihe 2, - - - Berechnung zu Meßreihe 1, — Berechnung zu Meßreihe 2*

β = 60°

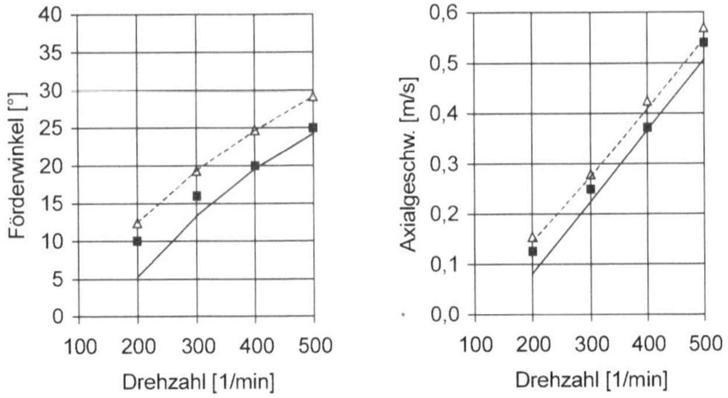

β = 50°

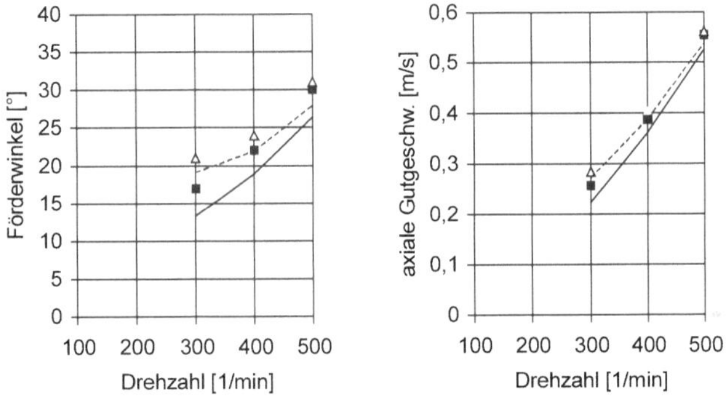

Bild 10.2: Der Förderwinkel ψ und die Gutgeschwindigkeit v_ζ im Bereich III; Fördergut: Raps; △ - Meßreihe 1, ■ - Meßreihe 2, - - - Berechnung zu Meßreihe 1, — Berechnung zu Meßreihe 2

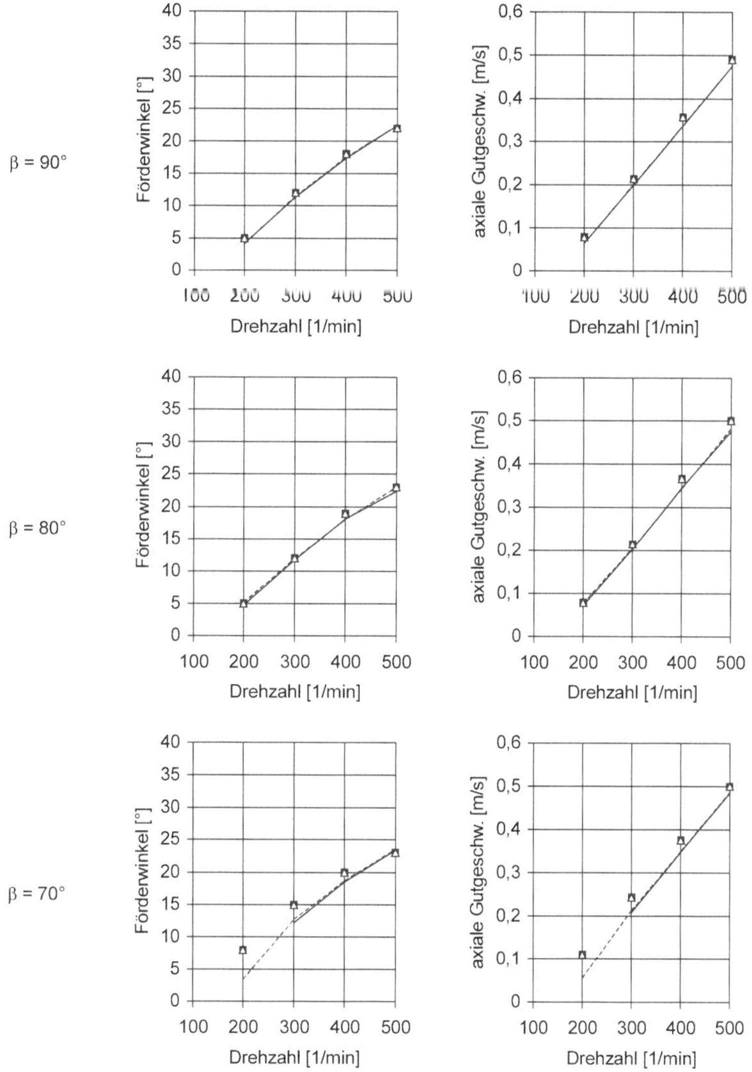

Bild 10.3: Der Förderwinkel ψ und die Gutgeschwindigkeit v_ζ im Bereich III; Fördergut: PET; △- Meßreihe 1, ■ - Meßreihe 2, - - - Berechnung zu Meßreihe 1, — Berechnung zu Meßreihe 2

β = 60°

β = 50°

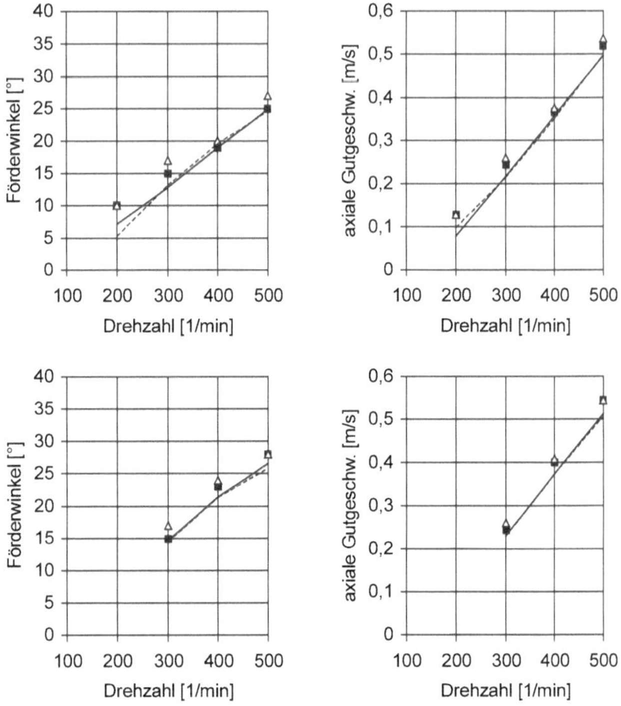

Bild 10.4: *Der Förderwinkel* ψ *und die Gutgeschwindigkeit* v_ζ *im Bereich III; Fördergut: PET;* △- *Meßreihe 1,* ■ - *Meßreihe 2, - - - Berechnung zu Meßreihe 1, — Berechnung zu Meßreihe 2*

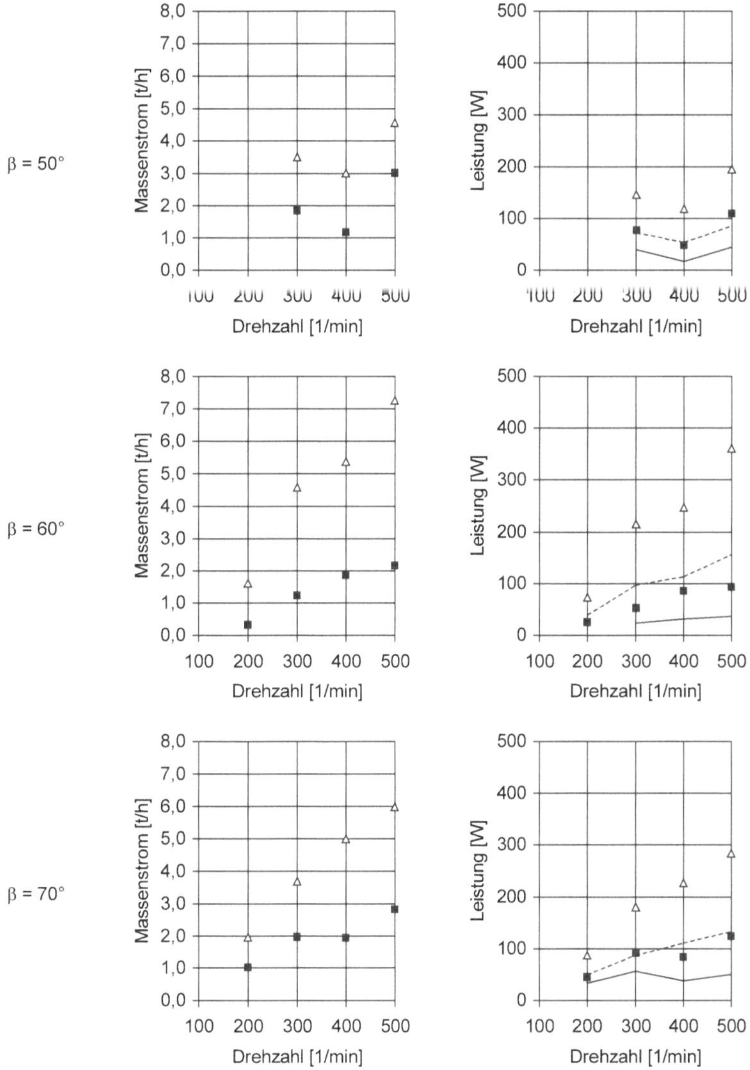

Bild 10.5: *Der Massenstrom I_m und Leistungsbedarf P_{ges} im Bereich III; Fördergut: Raps; △- Meßreihe 1, ■ - Meßreihe 2, - - - theoretische Leistung zu Meßreihe 1, — theoretische Leistung zu Meßreihe 2*

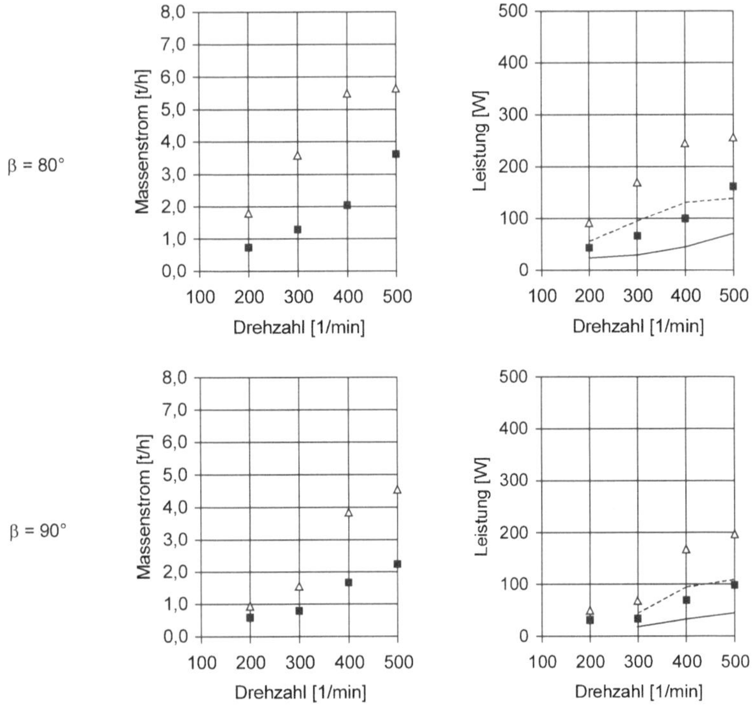

Bild 10.6: *Der Massenstrom I_m und Leistungsbedarf P_{ges} im Bereich III; Fördergut: Raps; △- Meßreihe 1, ■ - Meßreihe 2, - - - theoretische Leistung zu Meßreihe 1, — theoretische Leistung zu Meßreihe 2*